Schmidt · Perspektive – Schritt für Schritt

Rudolf Schmidt

Perspektive
Schritt für Schritt

AUGUSTUS VERLAG AUGSBURG

Die Deutsche Bibliothek – CIP-Einheitsaufnahme

Schmidt, Rudolf:
Perspektive Schritt für Schritt / Rudolf Schmidt. – Neuausg. –
Augsburg: Augustus-Verl., 1995
    ISBN 3-8043-0321-8

Umschlaggestaltung: Christa Manner, München

Neuausgabe 1995
AUGUSTUS VERLAG AUGSBURG 1995
© Weltbild Verlag GmbH, Augsburg
Druck und Bindung: Bosch-Druck, Landshut
Gedruckt auf 150 g umweltfreundlich
elementar chlorfrei gebleichtem Papier.
Printed in Germany
ISBN 3-8043-0321-8

Vorwort

Die Darstellende Geometrie ist in der modernen Entwicklung zugunsten der Algebraisierung der Mathematik in den Lehrplänen unserer allgemeinbildenden Schulen etwas in den Hintergrund gedrängt worden. Das ist bedauerlich, weil damit auch die traditionelle Perspektive, mit der Schönheit all ihrer Theorien zur Bewältigung des Raumes mittels ebener Konstruktionen, in der Architekturausbildung auf ein Minimum reduziert wurde. Wohl auch im Glauben daran, moderne Bildaufzeichnungsmöglichkeiten, z. B. mittels Computer, könnten sie entbehrlich machen. Man läßt dabei ganz außer acht, daß die Beschäftigung mit der Darstellenden Geometrie und auch mit der Perspektive das Raumvorstellungsvermögen und das Denken in räumlichen Zusammenhängen wesentlich fördert.

Gerade in unserer Zeit, wo uns der Verlust der Realität droht durch Maßstäbe, die außerhalb unseres Erfahrungsbereiches liegen und die unser Denken erfüllen, ist die Hinwendung zu erschaubaren Theorien notwendig, denn die Axiome der Geometrie gehen aus der unmittelbaren Anschauung hervor und „Projizieren" bleibt sicher auch heute noch modern, solange es sehende Augen gibt.

Das vorliegende Buch ist gemäß seinem Titel so aufgebaut, daß ohne geometrische Vorkenntnisse der Einstieg gelingt, und jeweils konsequent auf das Vorhergehende aufbauend wird Neues hinzugefügt. Die einzelnen Abschnitte stellen in sich geschlossene Einheiten dar, so daß sie sowohl im Ganzen als auch in Teilen unterrichtlich eingesetzt werden können. Das mit einem Abschnitt Erworbene ist dann ausreichend, gewisse Konstruktionsaufgaben der Perspektive zu bewältigen, und das wird durch Anwendungsbeispiele belegt.

Die Auseinandersetzung mit dem in diesem Buch dargebotenen Stoff fördert nicht nur die Aufmerksamkeit des Auges, sondern die geometrische Schau der Dinge kann zum ästhetischen Erlebnis werden. Deshalb glauben wir auch, daß nicht nur angehenden Architekten und allen, bei denen der Umgang mit der Perspektive zum Beruf gehört, sondern auch Schülern und solchen, die ihre Freizeit sinnvoll zur Bereicherung ihrer inneren Schau einsetzen wollen, die Kenntnis der klassischen Perspektive ein Gewinn sein wird.

Rudolf Schmidt

Inhaltsverzeichnis

Begriffserklärungen 9
Definitionen 10
Einleitung 11

1 Das Abbild
1.1 Das Verhalten von Lichtstrahlen 13
1.2 Das optische Bild im Auge 14
1.3 Die Raumwahrnehmung mittels beider
    Augen 14
1.4 Das Gesichtsfeld des Auges 15
1.5 Der Projektionsvorgang 15

2 Zweitafelprojektion
2.1 Punkte im Raum 17
2.2 Raumgerade 18
2.3 Ebene im Raum 18
2.4 Lageaufgaben 19
2.5 Maßaufgaben 20

3 Grundlagen der Perspektive
3.1 Fundamentalsätze der Perspektive 22
3.2 Konstruktionsverfahren 23
3.3 Perspektive Darstellung von Strecken ver-
    schiedener Raumlage 24

4 Perspektiven einfacher Körper
4.1 Schattenkonstruktion, Zentralbeleuchtung 27
4.2 Sonnenbeleuchtung 28
4.3 Perspektive mit mehreren Fluchtpunkten . 30
4.4 Bildwinkel und Perspektivität, Distanz und
    Bildmaßstab 31
4.5 Das Betrachten von Perspektiven 32
4.6 Freie Wahl einer Sonnenbeleuchtung im
    Bild 34
4.7 Anwendungsbeispiele 35

5 Perspektiven zusammengesetzter Figuren
5.1 Konstruktionshilfen mittels Diagonalen . . 39
5.2 Teilung der Distanz 40
5.3 Meßpunkt einer Geraden 43
5.4 Perspektive Teilung von Strecken 45

5.5 Fluchtspuren schiefer Ebenen 46
5.6 Feststellung, ob eine schräge Ebene von
    Licht getroffen wird oder im Schatten liegt . 48
5.7 Anwendungsbeispiele 49

6 Perspektive Darstellung von Kurven
6.1 Kreisbilder 54
6.2 Punktweise Konstruktion von Kreisbildern 55
6.3 Zylinderschnitt 57
6.4 Schatten im Tonnengewölbe 60
6.5 Kegelschnitt 61
6.6 Ellipsenkonstruktionen 64
6.7 Das Bild einer Kugel 69
6.8 Anwendungsbeispiele 73

7 Meßpunktperspektive
7.1 Meßpunkt einer Ebene 74
7.2 Normale einer Ebene 75
7.3 Perspektive bei geneigter Bildebene 75
7.4 Aufbauverfahren bei geneigter Bildebene . 78
7.5 Axonometrische Perspektive 82
7.6 Anwendungsbeispiele 86

8 Rekonstruktionsverfahren
8.1 Innere Orientierung 91
8.2 Äußere Orientierung und Rekonstruk-
    tionsbeispiele 94
8.3 Bildmontage 97

9 Spiegelungen
9.1 Spiegelung an einer Wasseroberfläche . . . 98
9.2 Spiegelung an einer senkrechten Spiegel-
    ebene 98
9.3 Spiegelung an einer geneigten Spiegel-
    ebene 99

10 Konstruktionshilfen
10.1 Fluchtmaßstab bei unerreichbaren Flucht-
     punkten 100
10.2 Fluchtpunktschiene 100
10.3 Arbeitsperspektive 101

Begriffserklärungen

Projektionsstrahlen
Bezeichnung aller Geraden, die Objektpunkte mit ihren Bildpunkten verbinden.

Zentralprojektion (Perspektive)
Alle Projektionsstrahlen gehen von einem festen Punkt aus, dem Projektionszentrum O, das gelegentlich auch Augpunkt genannt wird. Bildet man Objekte auf einer Bildebene ab, so wird die Bildgröße von der Entfernung des Objektes zur Bildebene bestimmt. Daraus geht unmittelbar hervor, daß bei einer Zentralprojektion Parallelen allgemeiner Lage sich in ihren Bildern nicht mehr als Parallelen abbilden, und daß das Teilungsverhältnis im Bild verloren geht.

Parallelprojektion
Verlagert man das Projektionszentrum ins Unendliche, so sind alle Projektionsstrahlen untereinander parallel. Die Bildgröße ist dann nicht mehr von der Entfernung Objekt-Bildebene abhängig. Parallelen bilden sich wieder als Parallelen ab und das Teilungsverhältnis bleibt erhalten.

Bildebene
Die Ebene, auf die abgebildet wird.

Hauptstrahl
Der Projektionsstrahl aus O, der die Bildebene senkrecht trifft. Sein Durchstoßpunkt auf der Bildebene ist der Hauptpunkt H.

Distanz
Die Entfernung Projektionszentrum O-Bildebene, gemessen am Hauptstrahl.

Fluchtpunkt
Das Bild des unendlich fernen Punktes einer Geraden allgemeiner Lage. Er ist erhältlich als Durchstoßpunkt eines Parallelstrahls auf der Bildebene.

Parallelstrahl
Der Projektionsstrahl aus O, der auf den unendlich fernen Punkt einer Raumgeraden gerichtet ist.

Spurpunkt
Der Durchstoßpunkt einer Raumgeraden auf der Bildebene. In diesem Punkt entspricht die Gerade ihrem Bild.

Verschwindungspunkt
Der Punkt einer Raumgeraden, der nicht mehr abbildbar ist. Er liegt in einer Ebene, die zur Bildebene parallel ist und das Projektionszentrum enthält.

Verschwindungsebene
Die durch O gehende Ebene, die zur Bildebene parallel ist. Sie zeichnet sich dadurch aus, daß alle Objektpunkte, die in ihr liegen, auf der Bildebene nicht mehr abbildbar sind.

Verschwindungsspur
Die Schnittspur einer Ebene mit der Verschwindungsebene.

Bildspur
Die Schnittgerade einer Ebene mit der Bildebene.

Fluchtspur
Das Bild der unendlich fernen Geraden einer Ebene allgemeiner Lage. Sie ist erhältlich als Schnittspur einer Parallelebene auf der Bildebene.

Parallelebene
Eine zur Objektebene parallele Ebene, die das Projektionszentrum enthält.

Grundebene
Eine ausgezeichnete Ebene, die zur Bildebene senkrecht ist.

Horizont
Die Fluchtspur der Grundebene.

Meßpunkt einer Geraden
Der Fluchtpunkt, der untereinander parallelen Drehsehnen. Er dient dazu, auf einer gegebenen Bildgeraden eine Strecke vorgeschriebener Länge aufzutragen und umgekehrt.

Meßpunkt einer Ebene
Der Fluchtpunkt der untereinander parallelen Drehsehnen, die zu den Bahnbogen der einzelnen Punkte einer ebenen Figur gehören, wenn die Ebene mitsamt dieser Figur um ihre Bildspur in die Bildebene gedreht wird.

Axiale Projektivität (perspektive Kollineation)
Die parallel-projektive Zuordnung der ebenen Figur mit der eingedrehten Figur erscheint im Bild als perspektive Kollineation mit dem Meßpunkt als Zentrum, der Bildspur als Achse und der Fluchtspur als Verschwindungsgerade.

Thaleskreis (Satz nach Thales)
„Alle Umfangwinkel, deren zugeordneter Bogen ein Halbkreis ist, sind rechte Winkel." Er wird hier zur Ermittlung des Projektionszentrums eingesetzt, wenn die Fluchtpunkte zweier Hauptrichtungen bekannt sind, die miteinander einen rechten Winkel bilden.

Definitionen

Zwei verschiedene Punkte bestimmen eine Gerade, ihre Verbindungsgerade.

Zwei Ebenen schneiden sich in einer Geraden.

Drei Ebenen schneiden sich in einem Punkt.

Zwei Geraden schneiden sich in einem Punkt oder sind zueinander parallel und legen damit eine Ebene fest.

Eine Ebene ist auch festgelegt durch drei Punkte, die nicht in einer Geraden liegen, durch eine Gerade und einen Punkt, der nicht auf dieser Geraden liegt.

Drehung:

Während der Drehung um eine Achse beschreibt jeder Punkt einer Figur einen Kreisbogen, dieser liegt in einer Ebene, die von der Drehachse im Kreismittelpunkt senkrecht durchstoßen wird.

Spiegelung:

Im Raum sind drei Spiegelungsarten durchführbar: Die Spiegelung an einem Punkt erhält man, wenn von jedem Punkt eines Objektes Linien durch einen festen Punkt als Spiegelungspunkt gezogen und die Abstände der einzelnen Punkte zu diesem Spiegelungspunkt in entgegengesetzter Richtung abgetragen werden.

Die Spiegelung an einer Geraden wird ausgeführt, wenn durch jeden Punkt eines Objektes Linien senkrecht zu einer Geraden als Spiegelungsachse gezogen und die Abstände der jeweiligen Punkte zur Spiegelungsachse in entgegengesetzter Richtung abgetragen werden.

Die Spiegelung an einer Ebene erhält man, wenn durch jeden Punkt eines Objektes Linien senkrecht zu einer Ebene als Spiegelungsebene gezogen werden und die Abstände der zu spiegelnden Punkte zu dieser Ebene in entgegengesetzter Richtung abgetragen werden.

Nur im Fall der Spiegelung an einer Geraden liefert die räumliche Spiegelung ein dem Urbild kongruentes Spiegelbild. Zum Beispiel verhält sich die linke Hand zur rechten Hand, bei gegenseitiger Zuwendung ihrer Innenflächen, wie Bild und Spiegelbild an einer Ebene. Wie man sich überzeugen kann, lassen sich die beiden Hände unmöglich zur Deckung bringen.

In der Ebene kann eine Spiegelung nur an einem Punkt oder an einer Geraden durchgeführt werden. Dabei kommt die Spiegelung an einem Punkt einer Drehung um 180° gleich und das Spiegelbild ist im Gegensatz zur räumlichen Spiegelung mit dem Urbild identisch. Die Spiegelung an einer Geraden liefert zwar dem Urbild gegenüber eine gleiche Figur, kann aber durch Verschiebung mit dem Urbild nicht zur Deckung gebracht werden.

Einleitung

Allein aus der Anschauung und über das Verständnis des Abbildens in unserem Auge, ohne Vorkenntnis geometrischer Theorien, werden im ersten Abschnitt die Grundlagen der Perspektive und ihre Konstruktion entwickelt. Einige der wichtigsten Darstellungen der Zweitafel-Projektion sind der Perspektive vorangestellt. Das sind wichtige Übungen, weil durch sie das Verständnis für räumliche Operationen geweckt wird.

Erfahrungsgemäß macht es Schwierigkeiten, Konstruktionen in der Ebene den Vorgängen im Raum richtig zuzuordnen. Immer dort, wo das Verständnis dafür Unterstützung braucht, sind anschauliche Darstellungen eingesetzt, die dann den Vorgang im Raum zeigen und zugleich dessen flächenhafte Projektion wiedergeben.

Es wird das Nachzeichnen aller Konstruktionen erwartet. Daher sind die Figuren nur mit den notwendigen Hilfslinien versehen, jedoch ausreichend, um jede Konstruktion nahezu allein durch das „Lesen" der Figuren verstehen zu können. Wenn möglich, steht der zugeordnete Text neben den Abbildungen. Es genügt nicht, grundsätzlich zu wissen, wie man es macht, sondern man hat auch die geometrischen Zusammenhänge zu erfassen, die sich stets auf den Raum beziehen. Das erleichtert in der Praxis die Konstruktion von Perspektiven für jede Situation, die auftreten kann. Es empfiehlt sich beim „Lesen" der Figuren mit einem Stift die Linien und Punkte aufzusuchen und zu verfolgen. Dieser haptische Vorgang trägt sehr dazu bei, die räumliche Bedeutung der Konstruktionen zu begreifen.

Zusammen mit der perspektiven Darstellung einer Figur ist auch stets deren Schatten konstruiert. Das ist wichtig, weil hierbei der Projektionsvorgang, den das Licht in diesem Fall hervorbringt, noch einmal verfolgt werden kann, und zwar in einer höchst anschaulichen Weise. Denn der Körper projiziert sich gewissermaßen in seinem Umriß auf eine Schattenauffangfläche.

Die Anwendungsbeispiele, die jeweils einem Abschnitt angefügt sind, entstanden grundlegend aus dem, was der Abschnitt behandelt und sollen Anregung sein, ähnliche Aufgaben zu lösen.

Ein wichtiges Kapitel ist das über den Umgang mit Zentralprojektionen, dazu gehören natürlich auch Fotografien. Wir lernen, die Wirkung von Fotografien besser zu verstehen und wie sie betrachtet werden müssen. Gerade bei Ausstellungen, Präsentationen bei Messen oder in Fachbüchern hat man Fotos wirkungsvoll darzubieten. Ein gutes Bild kann seine Wirkung verlieren, wenn die Betrachtungsbedingungen nicht die richtigen sind.

Mit der Perspektive eines Würfels, Abb. 7.7, der gegenüber einer Grundebene gekippt ist, hat man den allgemeinen Fall hergestellt, daß keine seiner Kanten zur Bildebene parallel sind, dadurch gewinnen wir den Einstieg in die Perspektive bei geneigter Bildebene. Die Meßpunktperspektive, die einmal den Meßpunkt von Geraden behandelt und zum anderen den Meßpunkt von Ebenen, ist dann wieder Grundlage für das Aufbauverfahren und für die axonometrische Perspektive. Die axonometrische Perspektive, die nur in ihren Grundlagen behandelt wird, hat einen sinnvollen Anwendungsbereich in der Arbeit des Designers beim Entwerfen von Möbeln. Aus der Abb. 7.20 kann dann ein räumlicher Raster hergestellt werden. In diesen Raster, der unter ein Transparentpapier gelegt wird, können sehr rasch Perspektiven von Möbeln entworfen werden, deren Maße rückschreitend mittels der Meßpunkte in ihren wahren Größen aus der Perspektive gewonnen werden können.

Das Rekonstruktionsverfahren ist ausführlich behandelt, weil es einmal die Umkehrung der Perspektive bedeutet, denn man geht von vorhandenen Abbildungen aus, die in der Regel Fotografien sind, und führt diese auf Risse zurück, die dann einen meßbaren Zusammenhang zu den abgebildeten Dingen herstellen. Zum anderen gestattet dieses Verfahren dem Architekten, das Erscheinungsbild seines geplanten Bauwerks im Ensemble einer umgebenden Bebauung zu beurteilen. Er fotografiert den Ort mit der Umgebung, wo das Bauwerk einmal seinen Platz haben soll, und konstruiert unter den gleichen Bedingungen, unter denen das Foto entstanden ist, die Perspektive seines Gebäudes und montiert diese in das entsprechend vergrößerte Foto. Ebenso gelingt es mittels einer „Arbeitsperspektive", Abb. 10.6 und 10.7, während der Planungsphase sich von einem Innenausbau stets einen Eindruck zu verschaffen, um gestalterische Lösungen zu finden.

In einem Kapitel werden die wichtigsten Konstruktionen von Spiegelungen gezeigt und abschließend einige Hilfen geboten, um unerreichbare Fluchtpunkte oder Meßpunkte mit in die Konstruktion einzubeziehen.

1 Das Abbild

Dem Wortbegriff nach, der aus der Renaissance stammt, bedeutet Perspektive in den Raum hineinsehen. Gemeint sind damit Abbildungen, die beim Betrachten den Eindruck von Räumlichkeit hervorbringen. Man hat dann sehr bald für diese Art des Abbildens eine Gesetzmäßigkeit gefunden und ein Verfahren bereitgestellt, das man Zentralperspektive nannte. Nach diesem Verfahren wird konstruktiv der optische Vorgang des Sehens nachgeahmt, und es lassen sich damit Bilder erzeugen, die mit den Bildern vergleichbar sind, die das Auge beim Sehen wirklicher Gegenstände auf der Netzhaut entwirft.

Die Welt ist räumlich, wir erfahren diese Räumlichkeit, wenn wir uns von Ort zu Ort bewegen, und tastend „begreifen" wir die Dinge, die sich in ihr befinden. In Wechselwirkung mit dem Medium Licht, gleichsam aus dessen Gesetzmäßigkeit, hat im Laufe der Evolution die Natur ein Sehorgan entwickelt, das die räumlichen Dinge auch aus der Ferne für uns erfahrbar macht. Das Sehorgan Auge ist somit ein Abbild der Sonne, wenn man will, und der physikalischen Eigenschaften, die dem Licht zukommen, ganz wie die Flügel der Vögel den Gesetzen der Aerodynamik nachgeformt sind. „Denn wäre das Auge nicht sonnengleich, wie könnte es Licht erblicken", sagte Goethe in seiner Farbenlehre. Der Raum wird demnach nicht als eine bloße Form der inneren Anschauung begriffen, sondern als äußere Wirklichkeit.

1.1 Das Verhalten von Lichtstrahlen

Licht ist das schmale Band aus dem Spektrum elektromagnetischer Wellen, dem unser Auge angepaßt ist und hat die Eigenschaft, an den Grenzflächen zweier transparenter Medien unterschiedlicher Dichte, die es durchläuft, gebrochen zu werden. Die Strahlen ändern ihre Richtung. In Abb. 1.1 treffen Lichtstrahlen aus dem Medium Luft auf eine planparallele Glasscheibe. Die Lichtstrahlen werden in das dichtere Medium hineingebrochen und, nachdem sie die Glasscheibe durchsetzt haben, wieder in das weniger dichte Medium Luft herausgebrochen. Die untereinander parallelen Lichtstrahlen sind in ihrem Verlauf lediglich versetzt. Der Winkel, unter dem die Lichtstrahlen gebrochen werden, ist einmal von der Dichte des Mediums und zum anderen vom Einfallwinkel der Lichtstrahlen abhängig. Bringt man in das Bündel paralleler Lichtstrahlen, Abb. 1.2, einen Glaskörper mit kugelförmigen Begrenzungsflächen, den man als Linse bezeichnet, so treffen die Lichtstrahlen unter unterschiedlichen Winkeln auf und werden beim Durchgang durch die Linse zu einem Strahlenkegel so gebrochen, daß die Lichtstrahlen in einem Punkt B zusammenlaufen. Diesen Punkt bezeichnet man als den Brennpunkt.

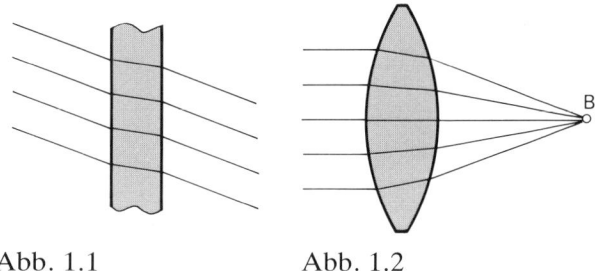

Abb. 1.1   Abb. 1.2

Licht wird von beleuchteten Dingen nach allen Seiten hin reflektiert. Jeder Punkt des Gegenstandes streut Licht, und es entsteht ein von Licht diffus erfüllter Raum. Bringt man jetzt eine Linse in diesen von Licht erfüllten Raum, so entwirft das auf die Linse fallende Licht ein Bild der Gegenstände. In Abb. 1.3 reflektieren die Punkte A und B eines Gegenstandes Licht.

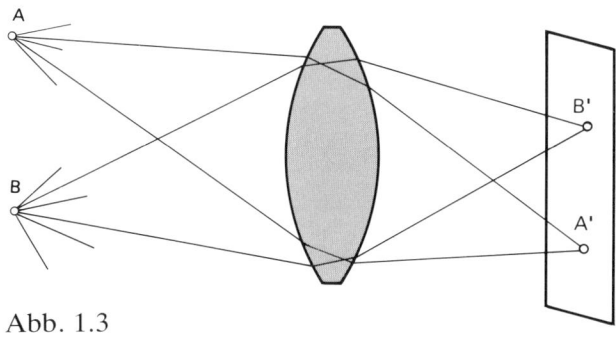

Abb. 1.3

Die von einer Linse erfaßten Strahlenkegel werden wieder zu Strahlenkegeln gebrochen in der Weise, daß das Licht, das von den Objektpunkten ausging, sich in A′ und B′, in ihren Bildpunkten, sammelt. Hält man in die Spitzen dieser Strahlenkegel im Abbildungsraum eine Mattscheibe, dann wird das Bild hell sichtbar. Nach diesem Vorgang entstehen optische Bilder. Es bleibt zu bemerken, daß die Bilder nur dann in einer gemeinsamen Ebene sind und scharf auf der Mattscheibe erscheinen können, wenn ihre Objektpunkte gleich weit von der Linse entfernt liegen. Die unterschiedliche Raumlage von Objekten bringt auch beim Abbilden ihre Bilder in etwas unterschiedliche Entfernungen zur Linse. Die Spitzen der Strahlenkegel liegen dann nicht mehr auf der Mattscheibe, sondern die Kegel werden von ihr in kleine Kreise geschnitten. Das ist das Problem der Bildschärfe, das jeder Fotograf kennt. Um unterschiedlich weit entfernte Objekte scharf abzubilden, hat man entweder die Bildebene (Mattscheibe) zu verlagern oder das Objektiv in seiner Brennweite zu verändern.

1.2 Das optische Bild im Auge

Die Natur hat mit dem Auge ein optisches Organ entwickelt, das wie eine Kamera in der Lage ist, Bilder von Gegenständen zu entwerfen, sich aber von dieser grundsätzlich unterscheidet, Abb. 1.4. Die Hornhaut H, das Kammerwasser K und die Linse L des Auges bilden zusammengenommen ein optisches System, das ein Bild auf die Netzhaut N projiziert. Die Netzhaut ist ein dichtes Mosaik lichtempfindlicher Zellen. Jede dieser Zellen ist durch eine Nervenfaser mit dem Gehirn verbunden.

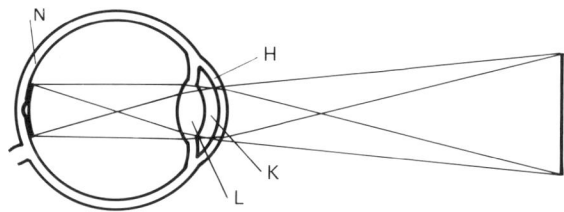

Abb. 1.4

Über diese wird das Bild in elektrische Impulse verschlüsselt und als Bildmuster dem Gehirn zugeleitet. Im Bewußtsein entsteht dann ein Eindruck von den gesehenen Dingen. Dieser Eindruck ist jedoch unvollständig und noch nicht räumlich. Denn beim Abbilden geht ja eine Dimension verloren, und aus den räumlichen Dingen der Wirklichkeit entstehen flächenhafte Abbildungen. Wir sind aber mit zwei Augen ausgestattet, und erst die Zusammenwirkung beider Augen liefert uns beim Sehen die unmittelbare räumliche Wahrnehmung.

1.3 Die Raumwahrnehmung mittels beider Augen

Abb. 1.5. Beide Augen sind auf das Objekt gerichtet und ihre Achsen schneiden sich im Raum an dieser Stelle. Zugleich mit dieser Winkeleinstellung der Augenachsen, die man als Konvergenzbewegung bezeichnet, stellen sich die Augenlinsen scharf auf das zu beobachtende Objekt ein – Accommodationsbewegung. Zusammen mit den Bildmustern beider Augen, die ja durch ihren gegenseitigen Abstand verschiedene Ansichten des Objektes liefern, werden auch die Bewegungsimpulse dem Gehirn zugeleitet. Aus der Verschiedenheit der beiden Bildmuster, deren Gesamtheit man Querdisparation nennt, und aus den Bewegungsimpulsen errechnet das Gehirn Größe und Entfernung der gesehenen Dinge. Somit erleben wir subjektiv, gleichsam tastend, durch das Spiel der Konvergenz- und der Accommodationsbewegungen der Augen die Tiefe des objektiven Sehraums.

Die Wahrnehmung des Räumlichen mittels der Funktionsgemeinschaft beider Augen läßt sich auch durch geeignete Abbildungen hervorbringen. In einem Stereobildpaar, das aus zwei nebeneinander liegenden Teilbildern besteht, Abb. 1.6, sind zwei Ansichten eines Objektes wiedergegeben, Ansichten wie sie das linke und das rechte Auge hätten, wenn sie das wirkliche Objekt unmittelbar betrachten würden. Gelingt es beim Betrachten des Stereobildpaares, gesondert das rechte Teilbild mit dem rechten Auge und das linke Teilbild mit dem linken Auge zu sehen, so verschmelzen beide Teilbilder im Bewußtsein zu einem einheitlichen Bildeindruck, der dann räumlich ist, was als Bildfusion bezeichnet wird. Die beiden Augenachsen, bedingt durch den Fusionszwang, richten sich jeweils auf gleichbedeutende Punkte in beiden Teilbildern. Die Achsen schneiden sich an Orten im Raum, in denen dann im Bewußtsein das Raummodell erscheint. Dabei ist aber die Scharfeinstellung der Augenlinsen auf die Bildebene, die Buchseite gerichtet. Hingegen erscheint, ausgelöst vom Konvergenzimpuls, das Raummodell an ganz anderer Stelle. Beide Bewegungen, die Konvergenzeinstellung der Augenachsen und die Scharfeinstellung der Augenlinsen sind von Natur aneinandergekoppelt, aber nicht unlösbar verbunden. Dieser Entkopplungsvorgang, der beim Betrachten von Stereobildern zustandekommt, kann einige Sekunden Schwierigkeiten bereiten.

Im allgemeinen haben wir es aber nicht mit Stereobildern zu tun, die uns beim Betrachten einen Raum unmittelbar erleben lassen, sondern mit Abbildungen, die lediglich eine Raumvorstellung vermitteln.

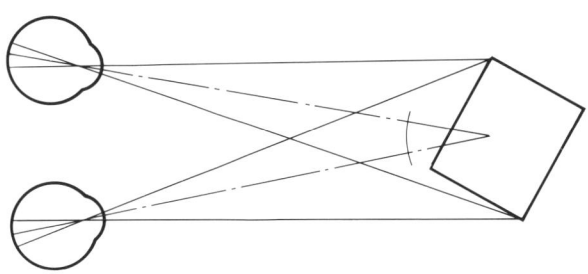

Abb. 1.5

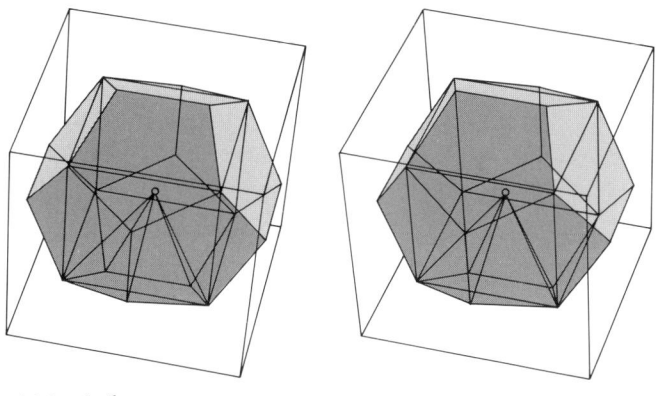

Abb. 1.6

Damit beim Betrachten des Stereo-Bildpaares jedes Einzelbild gesondert in ein Auge gelangen kann, bringt man zweckmäßigerweise zwischen die beiden Teilbilder eine Pappe, die jeweils für ein Auge das ihr nicht zugeordnete Teilbild verdeckt. Die Blicklinien beider Augen zielen dann auf gleichbedeutende Punkte in den beiden Teilbildern, und im Bewußtsein erscheint ein räumliches Modell des dargestellten Dodekaeders. Damit das Raummodell gestaltrichtig gesehen wird, hat man eine Betrachtungsentfernung von ca. 25 cm einzuhalten, senkrecht zur Buchseite.

1.4 Das Gesichtsfeld des Auges

Um die Frage zu beantworten, ob sich räumliche Objekte durch ebene Bilder so darstellen lassen, daß bei der Betrachtung eines Bildes auch der gleiche Eindruck entstehen kann wie beim Sehen wirklicher Dinge, schauen wir uns das Auge mit seinem Gesichtsfeld in Abb. 1.7 an. Die für das Sehen verantwortliche Netzhaut ist eine Kugelfläche, und nur in der nächsten Umgebung des Punktes A, der fovea centralis, ist das Auflösungsvermögen für scharfes Sehen ausreichend. In den äußeren Zonen der Netzhaut werden nur unscharfe Reflexe wahrgenommen. Der wahrnehmbare Raum, der sich bei einer festen Lage des Auges gleichzeitig auf der Netzhaut widerspiegelt, bildet das monokulare Gesichtsfeld. Vom Knotenpunkt K, dem Projektionszentrum des optischen Systems, wird das Gesichtsfeld auf eine äußere Kugelfläche projiziert, dann auf eine Ebene π übertragen und in die Zeichenebene als π° gelegt.

Das Gesichtsfeld ist durch eine Reihe von Drehkegeln mit der Spitze in K in verschiedene Zonen eingeteilt. Nur was innerhalb eines Sehkegels von etwa 5° bis 10°

liegt – gerastert hervorgehoben – kann bei ruhendem Auge bewußt gesehen werden. Durch Drehung des Auges in der Augenhöhle um einen festen Punkt O wird das Objekt mit dem Hauptblickstrahl abgetastet, wobei in jeder Stellung der Blickrichtung die Umgebung der fovea centralis nur ein kleines Gebiet des gesehenen Objektes als zentralprojektives Bild mit dem Zentrum in K erfaßt. Aus der Vielzahl von Bildern entsteht nun der Gesamteindruck. Da sich darüber hinaus unsere Seheindrücke aus den Bildern eines Augenpaares zusammensetzen, besteht eine Betrachtungszone ohne bestimmbares Projektionszentrum.

Die Vielzahl von Einzelbildern kann nur dann näherungsweise mit einer einzigen Zentralprojektion mit einem festen Projektionszentrum in Einklang gebracht werden, wenn diese Zone gegenüber einem großen Bild mit einem entsprechend weiten Sehabstand klein erscheint. Denn jeder hat die Erfahrung gemacht, wieviel beeindruckender auf eine Leinwand projizierte Bilder sind gegenüber Fotografien, die aus kurzer Entfernung betrachtet werden.

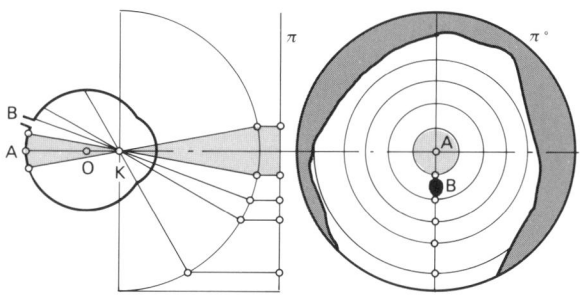

Abb. 1.7

1.5 Der Projektionsvorgang

Unter Projektion versteht man ein Verfahren, dreidimensionale Dinge, die eine Ausdehnung in drei Richtungen haben, auf einer Fläche wiederzugeben, die nur eine Ausdehnung in zwei Richtungen hat. Bei diesem Vorgang geht eine Dimension und somit auch die Räumlichkeit der dargestellten Dinge verloren. Der dabei erfaßte Raum und alle darin befindlichen Dinge sind dann gewissermaßen in eine Fläche zusammengeschoben. Nur Merkmale, die in einer solchen Projektion enthalten sind und die sich auf den räumlichen Sachverhalt beziehen, stellen dann die Verbindung zu den wirklichen Dingen her.

Abb. 1.8 zeigt den optischen Vorgang des Abbildens mittels Lichtstrahlen. Der Strahlenkegel, der von einem Punkt A ausgeht und von einer Linse erfaßt wird, tritt wieder als Kegel mit der Spitze in A' aus ihr hervor, A' ist das Bild von A. Analoges geschieht mit B. Daraus läßt sich sofort ein Verfahren ableiten, auf konstruktivem Wege Abbildungen herzustellen, die mit den optisch erzeugten Bildern vergleichbar sind. Denn verbindet man jetzt die Objektpunkte mit ihren Bildpunkten – die kräftigen Linien – so schneiden sich

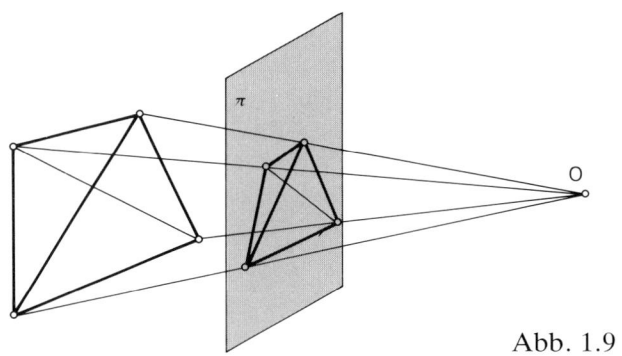

Abb. 1.9

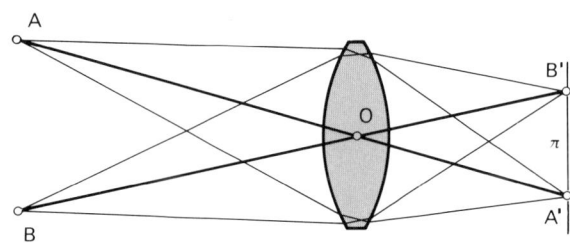

Abb. 1.8

diese Verbindungslinien in einem gemeinsamen Punkt O. Dieser Punkt ist Projektionszentrum, und alle Verbindungslinien zu den Objektpunkten, die durch das Projektionszentrum gehen, bezeichnet man als Projektionsstrahlen. Die Bildebene π, die hinter dem Projektionszentrum liegt, bewirkt in ihre Lage lediglich, daß das Projektionszentrum auch zugleich Inversionszentrum wird. Es tritt eine Spiegelung an einem Punkt auf, die das Bild in π auf dem Kopf stehend und links mit rechts vertauscht erscheinen läßt. Man hat jetzt die geometrische Vorschrift gefunden mittels Projektionsstrahlen, eines Projektionszentrums und einer Bildebene von räumlichen Objekten Bilder auf konstruktivem Wege herzustellen, und

diese Vorschrift lautet: Richtet man auf Punkte des im Raum befindlichen Gegenstandes Projektionsstrahlen und markiert jeweils die Stelle, an welcher ein Projektionsstrahl die zwischen dem Objekt und dem Projektionszentrum befindliche Bildebene π durchdringt, so ergibt die Gesamtheit aller Durchstoßpunkte auf der Tafel ein zentralprojektives Bild des Gegenstandes, Abb. 1.9. Entfernt man das Objekt und bringt beim Betrachten das Auge an den Ort des Projektionszentrums O, so erzeugt dieses Bild auf dem Augenhintergrund den gleichen Seheindruck, den man beim Betrachten des Objektes selbst hätte. Denn die Projektionsstrahlen decken sich jetzt mit den Sehstrahlen, und eingepaßt in diesen Sehstrahlenkegel liegen das Bild und das Objekt. Wir können also mittels geeigneter Abbildungen uns einen lebhaften Eindruck von räumlichen Dingen verschaffen, ohne daß die Dinge unserer unmittelbaren Anschauung zur Verfügung stehen. Allerdings bedarf es weiterer geometrischer Vorschriften, um Perspektiven, wie man eine Zentralprojektion auch nennt, konstruieren zu können.

2. Zweitafelprojektion

Wir haben jetzt die geometrischen Zusammenhänge zu untersuchen, mit deren Hilfe solche Bilder zu konstruieren sind. Zunächst stellt man fest, daß uns ja die Objekte fehlen, von denen wir Perspektiven herstellen wollen. Im allgemeinen stehen uns Rißzeichnungen zur Verfügung, das sind Grund- und Aufrißdarstellungen. Der Grundriß liefert die Lage der darzustellenden Dinge und der Aufriß deren Höhen. Was ist nun eine Rißzeichnung, und unter welchen geometrischen Bedingungen entstehen sie?

Verlagern wir das Projektionszentrum ins Unendliche, so sind alle Projektionsstrahlen untereinander parallel. An Stelle des Projektionszentrums O tritt die Projektionsrichtung. Je nach dem Einfallwinkel der Projektionsstrahlen zur Bildebene spricht man von einer Schräg- oder Normalprojektion. Ist die Projektionsrichtung zur Bildebene senkrecht, dann erhält man eine Normalprojektion. Die Verzerrung, die das Bild, z.B. einer Strecke a in Abb. 2.1 durch Normalprojektion erfährt, wird dann nur noch durch ihre Lage zur Bildebene bestimmt. Das vereinfacht die maßgerechte Darstellung wesentlich.

ebene π_2 in vertikaler Lage heißt Aufrißebene. Die Schnittspur beider Bildebenen teilt den gesamten Raum in vier Quadranten. Projiziert man einen Raumpunkt P jeweils senkrecht auf die beiden Bildebenen, so erhält man in P′ seinen Grundriß und in P″ seinen Aufriß. Die Projektionsstrahlen bilden mit ihren Projektionen auf den Bildebenen ein Rechteck,

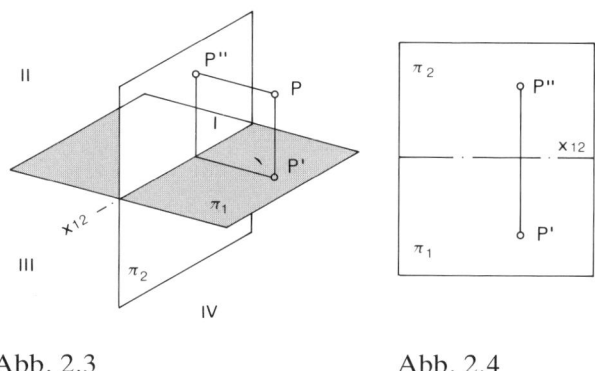

Abb. 2.3   Abb. 2.4

Abb. 2.3. Um die beiden Projektionsvorgänge in einer Zeichenebene unterzubringen, werden beide Bildebenen um x12 als Drehachse ineinandergeklappt. Bei dieser Umklappung der Bildebenen in eine gemeinsame Zeichenebene fallen die Projektionsstrahlen mit ihren Bildern zusammen. Die daraus resultierende, senkrecht zur Rißachse x12 gelegene und die beiden Risse P′ und P″ verbindende Gerade heißt Ordner, und die Risse werden dann als zugeordnete Risse bezeichnet, Abb. 2.4. An einer solchen Zeichnung läßt sich dann die Lage des Raumpunktes P unmittelbar und zweifelsfrei ablesen: P liegt senkrecht über P′ in einer Höhe, die durch den Abstand des Bildpunktes P″ von der Rißachse x12 bestimmt wird.

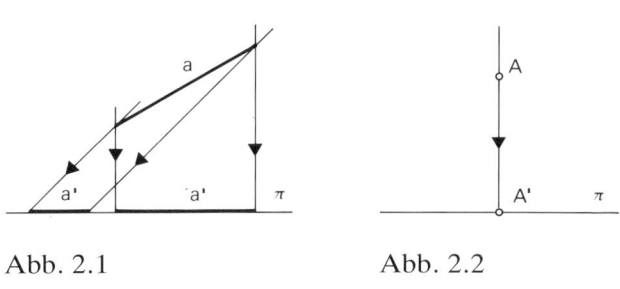

Abb. 2.1   Abb. 2.2

Bei jedem Abbildungsverfahren auf nur einer Bildebene besteht im allgemeinen keine umkehrbare eindeutige Zuordnung zwischen Objektpunkt und Bildpunkt, denn das Bild eines Raumpunktes ist zwar eindeutig auf der Bildebene bestimmt, umgekehrt läßt sich aber A aus seinem Bild A′ nicht eindeutig rekonstruieren, man weiß nur, daß A irgendwo im Raum auf dem durch ihn gehenden Projektionsstrahl liegen muß, Abb. 2.2.

Das von G. Monge systematisch eingeführte Grund- und Aufrißverfahren benutzt zwei zueinander senkrechte Bildebenen. Die erste Bildebene π_1 in horizontaler Lage heißt Grundrißebene, und die zweite Bild-

2.1 Punkte im Raum

Aus der Lage von Grund- und Aufriß in bezug zur Rißachse x12 geht hervor, in welchem Quadranten der abgebildete Raumpunkt liegt. Die Raumvorstellung beim Lesen der Rißzeichnung der Abb. 2.5 wird unterstützt, wenn man die jeweils dort als Grund- und

Aufriß festgelegten Raumpunkte in der anschaulichen Skizze der Abb. 2.6 aufsucht. Liegt C' auf der Rißachse, dann ist C ein Punkt der Aufrißebene, liegt D'' auf der Rißachse, ist D ein Punkt der Grundrißebene. Punkt A liegt im 2. Quadranten und B hat seine Lage im 4. Quadranten.

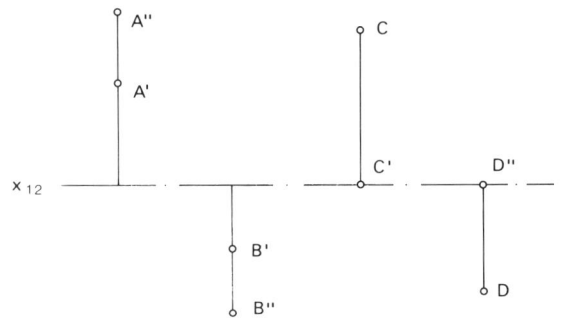

Abb. 2.5

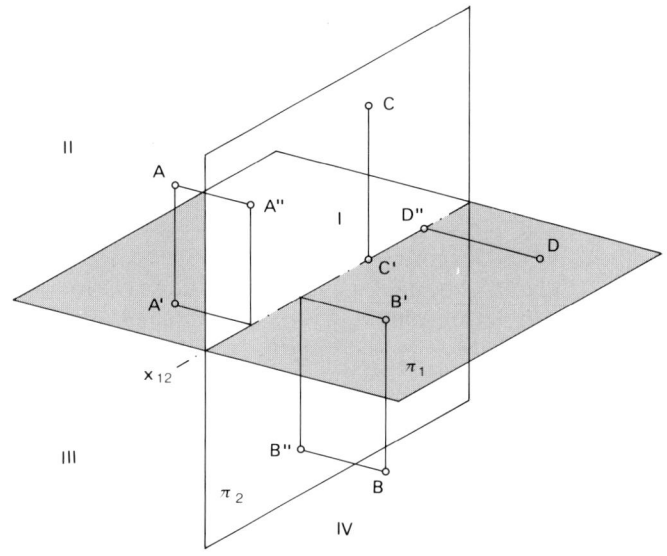

Abb. 2.6

2.2 Raumgerade

Eine Gerade wird von zwei Punkten festgelegt. In Abb. 2.7 ist anschaulich eine Gerade dargestellt, die durch die Raumpunkte A und B läuft und in D_2 die Aufrißebene π_2 und in D_1 die Grundrißebene π_1 durchstößt. Sie durchsetzt also den 1., 2. und 3. Quadranten der Raumaufteilung durch die Bildebenen. Die dazugehörige Rißzeichnung der Abb. 2.8 ist dann so zu lesen: In D_2 durchstößt a die Aufrißebene, also liegt der Grundriß von D_2 auf der Rißachse x12, in D_1 durchstößt sie die Grundrißebene π_1, also liegt der Aufriß von D_1 auf der Rißachse.

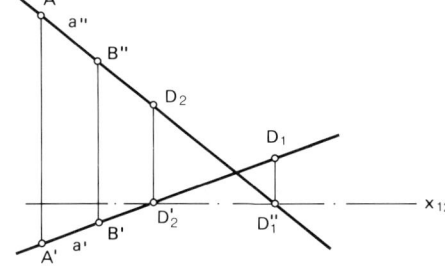

Abb. 2.8

2.3 Ebene im Raum

Eine Ebene ist in ihrer Raumlage durch drei Punkte bestimmt, die nicht in einer Geraden liegen, durch eine Gerade und einen Punkt oder durch zwei sich schneidende bzw. parallele Geraden. Zwei Geraden schneiden sich, haben einen Punkt gemeinsam, wenn Aufriß und Grundriß ihres Schnittpunktes auf einem gemeinsamen Ordner liegen. Sie spannen eine Ebene auf, die Grund- und Aufriß in Spuren schneidet. Die

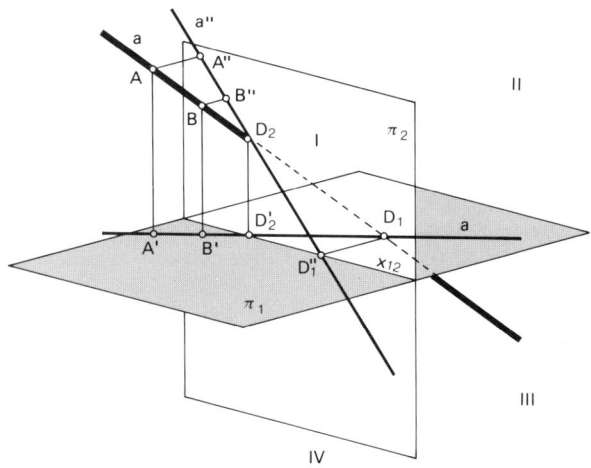

Abb. 2.7

Rißzeichnung der Abb. 2.9 ist dann so zu verstehen: Das Grundrißbild A' und das Aufrißbild A'' des Schnittpunktes der beiden Geraden a und b liegen auf einem gemeinsamen Ordner. Verfolgt man das Aufrißbild a'' bis zur Rißachse x12, dann gewinnt man über einen Ordner im dazugehörenden Grundrißbild den Durchstoßpunkt E_1 der Geraden a. Verfolgt man das Grundrißbild a' bis zur Rißachse, so liefert der Ordner den Durchstoßpunkt E_2 der Geraden a in der Aufrißebene. Analoges geschieht mit den Bildern der Geraden b. Verbindet man jetzt die Durchstoßpunkte F_1, E_1 im Grundriß und E_2, F_2 im Aufriß, so sind diese Verbindungslinien s_1 und s_2 die Spuren der Ebene, in

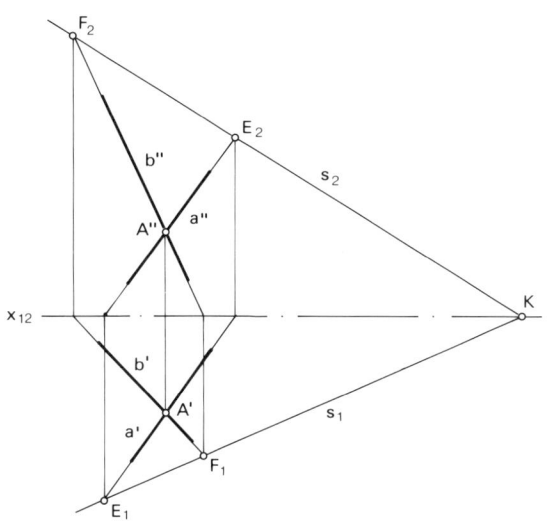

Abb. 2.9

der die beiden Geraden a und b liegen. Die Spuren schneiden sich auf der Rißachse in einem Punkt K, dem Knotenpunkt, gemäß der Tatsache, daß drei Ebenen allgemeiner Lage sich in einem gemeinsamen Punkt schneiden.

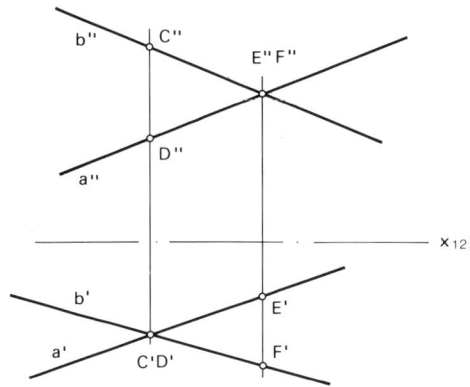

Abb. 2.10

Zwei Geraden sind windschief, haben keinen Punkt gemeinsam und laufen aneinander vorbei, wenn der Kreuzungspunkt ihrer Aufrißbilder und der Kreuzungspunkt ihrer Grundrißbilder auf keinem gemeinsamen Ordner liegen, was aus der Rißzeichnung der Abb. 2.10 hervorgeht. Im Kreuzungspunkt des Grundrisses liegen die Bilder zweier senkrecht übereinander liegender Punkte C und D. Sie gehören je der Geraden a und der Geraden b an, was im Aufrißbild erkennbar wird. Analoges gilt für den Kreuzungspunkt E''. F''. Die Gerade a und die Gerade b liegen in keiner gemeinsamen Ebene.

2.4 Lageaufgaben

Abb. 2.11
Da wir eine Ebene schon mit drei Punkten in ihrer Raumlage festlegen können, kann ein vierter Punkt – z.B., eines ebenen Vierecks A, B, C und D – nicht mehr frei gewählt werden. Den vierten Punkt müssen wir dann konstruieren, denn läge er nicht in der von den drei Punkten aufgespannten Ebene, so würden sie die Eckpunkte eines räumlichen Tetraeders bilden. Wählen wir den Grundriß des vierten Punktes D frei, so läßt sich sein dazugehörendes Aufrißbild auf folgende Weise bestimmen: Drei Punkte verbinden wir zu einem Dreieck. Eine Hilfsgerade a', die B' und D' im Grundriß verbindet, schneidet die Dreieckskante A', C' in T'. Wir legen jetzt mittels eines Ordners diesen Schnittpunkt auch im Aufriß fest, dann läuft durch T'' das Aufrißbild a'' der Hilfsgeraden. Ein Ordner durch D' bestimmt schließlich auf a'' das gesuchte Aufrißbild D'' des vierten Punktes. Jetzt liegen alle vier Raumpunkte in einer gemeinsamen Ebene und bilden zusammen ein Viereck.

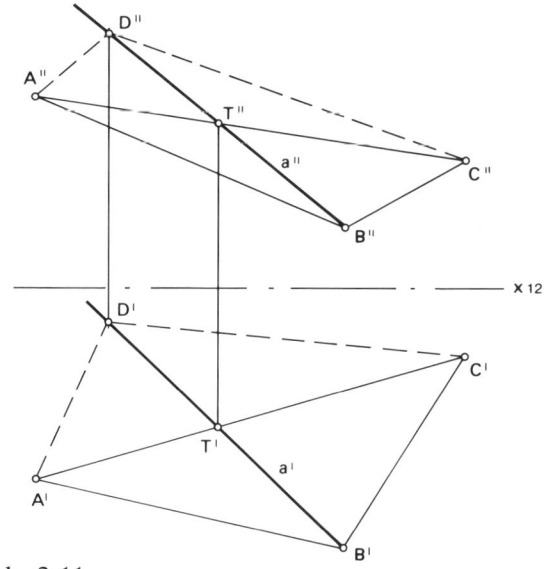

Abb. 2.11

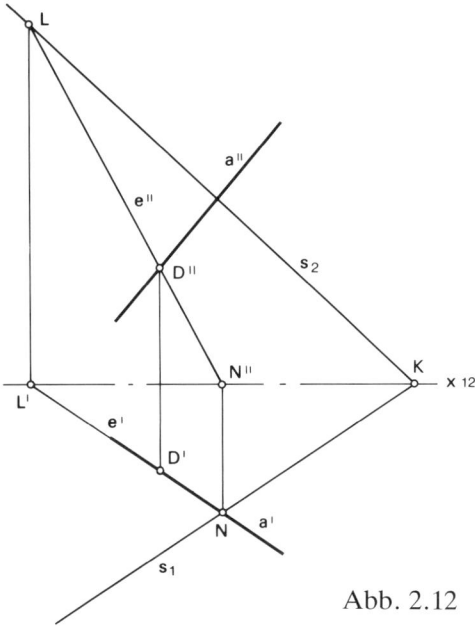

Abb. 2.12

Abb. 2.12
Eine Raumgerade a durchstößt eine Ebene γ, die in ihren Spuren s_1 und s_2 festgelegt ist, in einem Punkt. Diesen Durchstoßpunkt auf γ finden wir, indem wir durch die Gerade a eine zur Grundebene senkrechte Hilfsebene legen, die von der Ebene γ in einer Spur geschnitten wird. Diese Spur enthält dann auch den gesuchten Durchstoßpunkt der Geraden a, der aber erst im Aufriß sichtbar wird. Im Grundriß decken sich das Bild a′ der Geraden und die Spur e′ der Hilfsebene auf γ, die in L′ die Rißachse und in N die Spur s_1 schneidet. Das Aufrißbild e″ der Spur der Hilfsebene auf γ schneidet in D″ das Aufrißbild a″ der Raumgeraden a. Ein Ordner bestimmt dann schließlich auf a′ in D′ den Grundriß des Durchstoßpunktes.

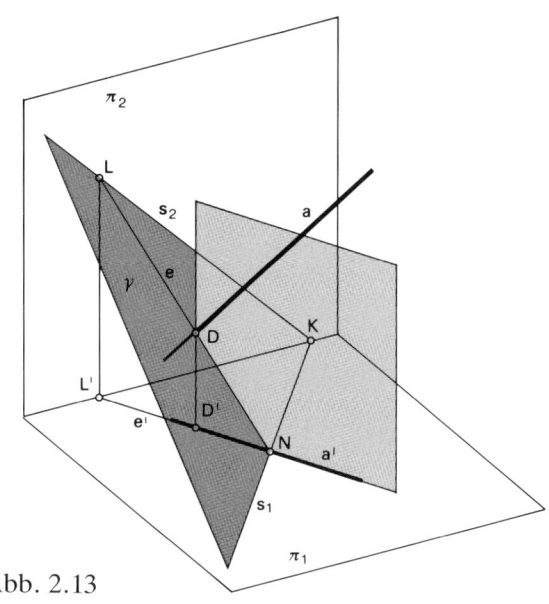

Abb. 2.13

Die anschauliche Skizze der Abb. 2.13 gibt die Ebene γ, die Raumgerade a mit ihrem Durchstoßpunkt D auf γ und den Grundriß wieder. Die durch Rasterung hervorgehobene Hilfsebene, in der die Gerade a liegt, schneidet die Ebene γ in einer Spur e, die dann auch den Durchstoßpunkt D enthält.

2.5 Maßaufgaben

Eine Strecke allgemeiner Raumlage bildet sich auf den beiden Bildebenen π_1 und π_2 stets verkürzt ab. Um deren wahre Länge zu ermitteln, zeigen wir zwei Möglichkeiten ein und desselben Prinzips. Wir bringen die Strecke in eine parallele Lage zu einer der Bildebenen und bilden sie dann ab.

In Abb. 2.14 legen wir die Strecke A, B in eine Parallellage zur Grundrißebene, indem wir im Aufriß durch den tiefsten Punkt A″ der Strecke eine Höhenlinie n″ ziehen, das ist eine zur Grundrißebene parallel verlaufende Gerade. Deren Grundriß n′ deckt sich mit dem Grundrißbild A′, B′ der Strecke. Um die Höhenlinie als Drehachse benutzend drehen wir die Ebene, in der die Strecke A, B liegt, in eine zur Grundrißebene parallele Lage. Dazu holen wir die

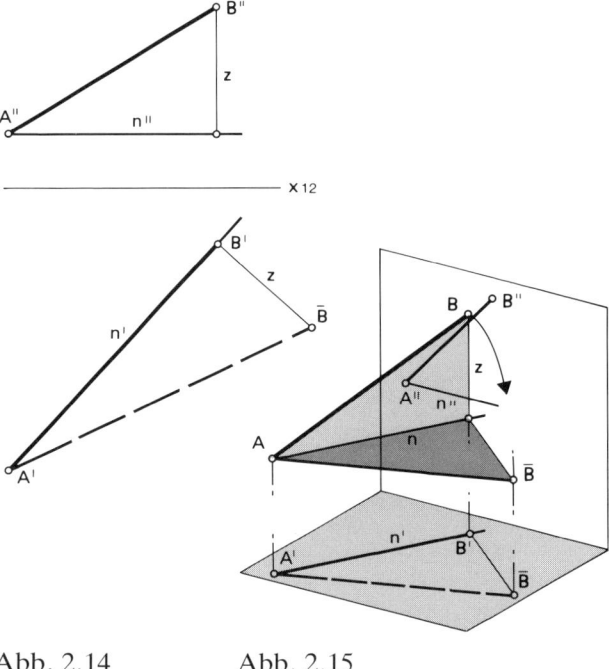

Abb. 2.14   Abb. 2.15

Höhendifferenz z der beiden Endpunkte A″ und B″ aus dem Aufriß und tragen sie im Grundriß senkrecht zu A′, B′ ab. Die Verbindungsgerade A′ mit B̄ ist dann die wahre Länge der Strecke A, B. Die Abb. 2.15 zeigt diesen räumlichen Vorgang in einer anschaulichen Skizze.

In Abb. 2.16 ist die zweite Möglichkeit dargestellt. Durch den Endpunkt A einer Strecke beliebiger Raumlage legen wir eine Frontlinie, das ist eine zur Aufrißebene parallele Gerade, die wir dann als Drehachse benutzen. Die Ebene, in der sich die Strecke befindet, wird jetzt in eine zur Aufrißebene parallele Lage gedreht und abgebildet. Die auf der Grundrißebene senkrecht stehende Frontlinie m bildet sich im Grundriß als Punkt und im Aufriß als eine zur Rißachse ×12 Senkrechte ab. Während der Drehung beschreibt der Punkt B einen Kreisbogen B′, (B), der im Grundriß wieder als Kreisbogen erscheint und im Aufriß sich als eine Waagerechte zu ×12 abbildet. Die wahre Größe der Strecke ist dann die Verbindungsgerade A″, $\bar{B}$. Diesen Vorgang des Eindrehens zeigt wieder in anschaulicher Weise die Abb. 2.17.

Eine ebene Figur bildet sich nur dann in wahrer Größe und Gestalt ab, wenn sie parallel zur Bildebene liegt. In jedem anderen Fall erscheint die Figur verzerrt. Die ebene Figur allgemeiner Lage ist durch Drehung um eine zur Bildebene parallele oder in ihr liegende Gerade in diese ausgezeichnete Lage zu bringen und dann abzubilden. Auch hier können wir die Ebene, in

Abb. 2.16

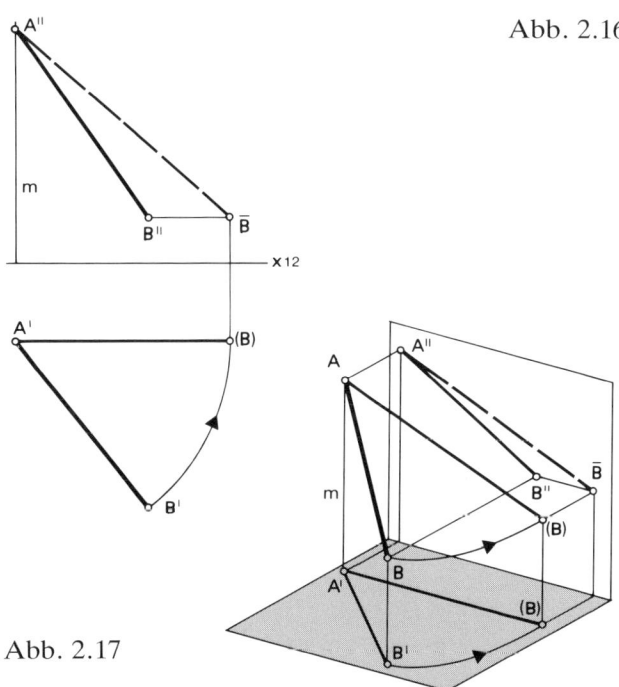

Abb. 2.17

der die Figur liegt, entweder um eine Höhenlinie in Parallellage zur Grundrißebene oder um eine Frontlinie in eine parallele Lage zur Aufrißebene drehen.

Die zeichnerische Durchführung zeigt Abb. 2.18. Wir bestimmen zunächst die Grundrißspur der Ebene, in welcher die Figur liegt, indem wir zwei Seiten des dargestellten Dreiecks verlängern, und führen dann durch die Spurpunkte R und Q die Spur s_1 dieser Ebene – siehe auch Abb. 2.9. Jetzt drehen wir die

Ebene mitsamt der Figur, s_1 als Drehachse benutzend, in die Grundrißebene. Dabei beschreiben alle Punkte der Figur Kreisbögen, deren Ebenen senkrecht zur Drehachse sind, die sich im Grundriß als Strecken senkrecht zu s_1 abbilden. Diesen Drehvorgang veranschaulichen wir uns im Grundriß, indem wir, z.B., den Punkt C in die Grundrißebene legen. Dazu entnehmen wir die Höhe h von C″ aus dem Aufriß und tragen sie als Lotstrecke an eine Gerade f ab, die senkrecht zu s_1 ist und durch C′ läuft. Drehen wir jetzt den umgelegten Punkt (C) um T, so gewinnen wir auf f den eingedrehten Punkt $\bar{C}$.

Zur Konstruktion der in die Grundrißebene gelegten Punkte $\bar{A}$ und $\bar{B}$ beachten wir, daß die Punkte R und Q der Spur s_1, die wir als Drehachse benutzen, bei der Drehung fest bleiben. Daher muß $\bar{A}$ auf der Geraden $\bar{C}$, Q und $\bar{B}$ auf der Geraden $\bar{C}$, R liegen und zwar im Schnitt mit einer durch A′ bzw. durch B′ gelegten Senkrechten zu s_1.

Mit den wenigen Lage- und Maßaufgaben haben wir gewissermaßen das kleine Einmaleins der Darstellenden Geometrie. Das sind für uns wichtige Übungen, weil sie im übertragenen Sinne auch in der Perspektive zur Anwendung kommen, und darüber hinaus wecken diese Übungen das räumliche Vorstellungsvermögen. Es ist nicht einfach und uns von vornherein nicht gegeben, aus flächenhaften Darstellungen räumliche Sachverhalte zu erkennen. Eine Perspektive ist zwar eine höchst anschauliche Darstellung von räumlichen Dingen, jedoch sind die Konstruktionsvorgänge, die die Perspektiven hervorbringen, in der Regel unanschaulich.

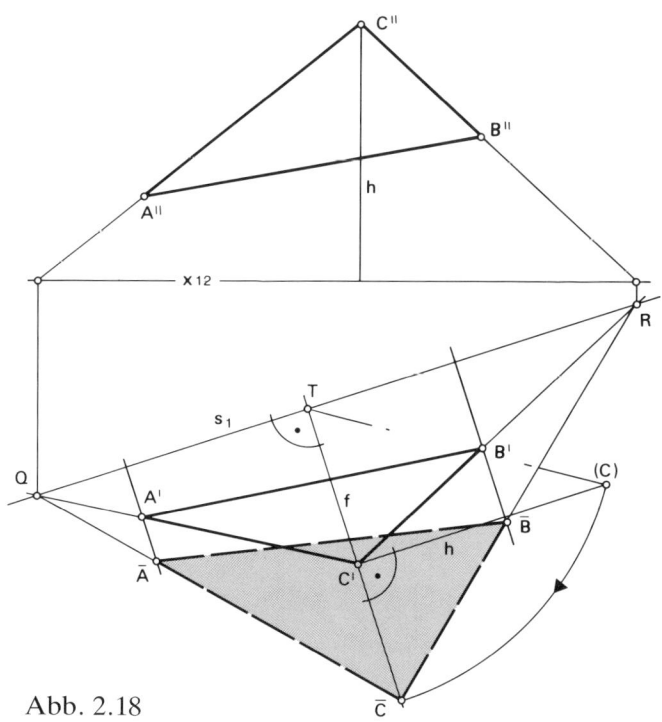

Abb. 2.18

3 Grundlagen der Perspektive

Die Bilder einer Zweitafelprojektion sind zwar maßgerecht und stets rekonstruierbar. Das wird auch gefordert, denn die Pläne der Maschinenbauer oder die der Architekten sind Anweisungen, nach denen gebaut werden soll. Aber die Bilder sind unanschaulich, weil sie sich von den Bildern erheblich unterscheiden, die beim Sehen mit unseren Augen auf der Netzhaut auftreten. Die Perspektive hat nun die Aufgabe, aus den unanschaulichen Rißzeichnungen ein Bild entstehen zu lassen, das in optimaler Weise anschaulich ist, um beim Betrachten den Raum mit allem, was sich in ihm befindet, perspektiv gestaltrichtig wiederzugeben. Sie dient dann zur Beurteilung dessen, was sich auf die Räumlichkeit des Dargestellten bezieht. Das können komplizierte räumliche Beziehungen oder Raumwirkungen sein, wie sie in der Architektur von großer Bedeutung sind.

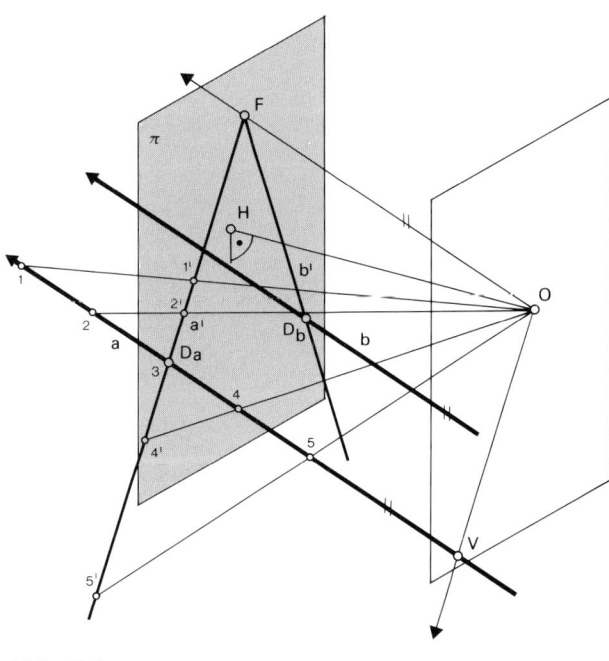

Abb. 3.1

3.1 Fundamentalsätze der Perspektive

In Abb. 3.1 finden wir die Fundamentalsätze der Perspektive. Anschaulich ist dargestellt, wie zunächst eine Gerade a auf einer Bildebene π abgebildet wird.

O ist das Projektionszentrum, das auch Augpunkt genannt wird. Richtet man aus O senkrecht auf die Bildebene einen Projektionsstrahl, der dann Hauptstrahl heißt, so durchstößt er im Hauptpunkt H die Bildebene. Damit hat man die Orientierung des Projektionszentrums zur Bildebene vorgenommen. Will man eine Gerade abbilden, so bildet man Punkte der Geraden ab, und die Bildgerade wird dann durch die Bildpunkte geführt. In Da, dem Spurpunkt, durchstößt die Gerade a die Bildebene. Dort entspricht die Gerade ihrem Bild. Bildet man weitere Punkte der Geraden ab, so hat man auf diese Projektionsstrahlen zu richten, und deren Durchstoßpunkte auf der Bildebene sind dann die Bilder dieser Punkte. Wird ein immer ferner liegender Punkt von a mit einem Projektionsstrahl erfaßt, erreicht schließlich der auf den unendlich fern liegenden Punkt dieser Geraden gerichtete Projektionsstrahl eine zu a parallele Lage, und sein Durchstoßpunkt F auf der Bildebene ist das Bild des unendlich fernen Punktes von a und heißt Fluchtpunkt der Geraden. Verbindet man den Spurpunkt Da mit dem Fluchtpunkt F, dann ist diese Verbindungsgerade das Bild der bis ins Unendliche verlängerten Geraden a.

Hat man eine zweite Gerade b abzubilden, die zu a parallel ist, dann ist der zu a parallele Projektionsstrahl, der Parallelstrahl heißt, auch parallel zu b. Die Gerade b und alle untereinander parallelen Geraden haben demnach ein und denselben Fluchtpunkt, denn man kann sagen, geometrisch schneiden sich alle untereinander parallelen Geraden in einem gemeinsamen uneigentlichen Punkt, der im Unendlichen liegt. Hat eine Gerade eine andere Richtung, so ändert sich auch die Richtung ihres Parallelstrahls und somit die Lage des Fluchtpunktes F. Verlängert man die Gerade a in Richtung vor der Bildebene und fährt auf ihr entlang einen Projektionsstrahl, so zeichnet er unterhalb von Da auf der Bildebene ihr Bild. Schließlich erreicht der Projektionsstrahl in Punkt V eine Lage, in der er zur Bildebene parallel ist. Dieser Punkt ist dann nicht mehr abbildbar und heißt Verschwindungspunkt der Geraden. Die Abstände zwischen den Punkten 1, 2, 3, 4 und 5 auf der Raumgeraden a sind gleich; vergleicht man sie mit ihren Bildern 1′, 2′, 3′, 4′ und 5′ auf der Bildebene, stellt man fest, daß die Bildpunkte immer dichter zusammenrücken, je weiter die zugeordneten Objektpunkte vom Projektionszentrum entfernt liegen.

Aus den vorliegenden geometrischen Zusammenhängen der Abb. 3.1 lassen sich folgende Sätze formulieren:

1. Jeder abzubildende Objektpunkt wird mit dem Projektionszentrum durch einen Projektionsstrahl verbunden, und sein Durchstoßpunkt auf der Bildebene ist das Bild des Objektpunktes.

2. Die Bilder von Geraden, die untereinander parallel sind, laufen in ein und denselben Fluchtpunkt.

3. Alle Punkte, die in einer Ebene liegen, die das Projektionszentrum O enthält und zur Bildebene parallel ist, sind nicht mehr abbildbar. Diese Ebene heißt Verschwindungsebene.

4. Das Streckenverhältnis dreier Punkte einer Geraden allgemeiner Lage geht bei der Zentralprojektion verloren.

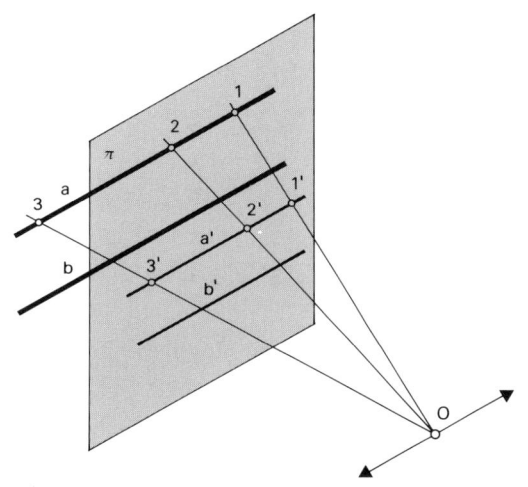

Abb. 3.2

dungsebene in einer Verschwindungsspur v. Eine Ebene ist mit ihrer Bildspur s und ihrer Fluchtspur h eindeutig festgelegt. Eine Gerade a gehört dann einer Ebene an, wenn ihr Spurpunkt D_a auf der Bildspur s und ihr Fluchtpunkt F_1 auf der Fluchtspur h dieser Ebene liegen. Eine Gerade ist jedoch parallel zu dieser Ebene, wenn lediglich ihr Fluchtpunkt F_2 auf der Fluchtspur h dieser Ebene liegt.

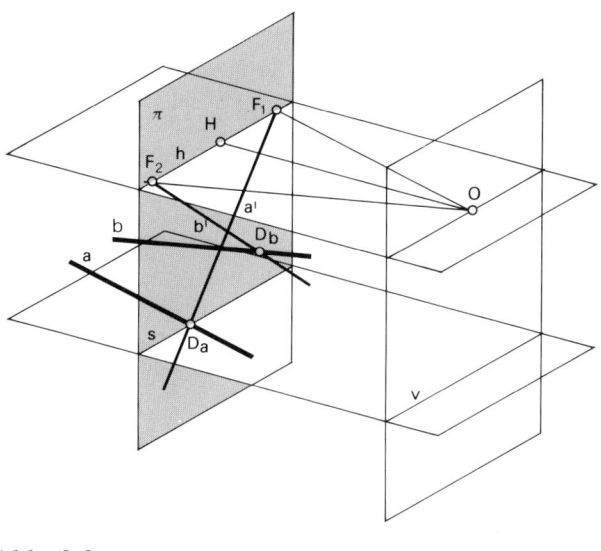

Abb. 3.3

Eine Besonderheit sind Geraden, die zur Bildebene parallel sind, Abb. 3.2. Will man deren Fluchtpunkt ermitteln, so ist auch der Parallelstrahl durch O parallel zur Bildebene. Der Fluchtpunkt ist auf der Bildebene nicht bestimmbar, er liegt im Unendlichen. Daraus folgert: Geraden, die zur Bildebene parallel sind, bilden sich wieder als Parallelen ab, und Streckenverhältnisse auf einer zur Bildebene parallelen Geraden bleiben in ihren Bildern erhalten.

Was für die Geraden gilt, gilt auch für Ebenen, Abb. 3.3. Eine Ebene allgemeiner Lage schneidet die Bildebene in einer Bildspur s. Legt man durch O eine zu dieser Ebene parallele Ebene, so schneidet diese Parallelebene die Bildebene in einer Fluchtspur h. Die Fluchtspur ist das Bild der im Unendlichen verschwindenden Ebene und ist stets parallel zur Bildspur dieser Ebene. Da man wieder sagen kann, Ebenen, die untereinander parallel sind, schneiden sich in einer unendlich fernliegenden Geraden, haben alle untereinander parallelen Ebenen ein und dieselbe Fluchtspur. Eine Ebene schneidet die Verschwin-

3.2 Konstruktionsverfahren

Für die Konstruktion von Perspektiven faßt man die beiden besprochenen Projektionsarten zusammen, die Normalprojektion, die die Rißzeichnung liefert und die Zentralprojektion, die daraus das anschauliche Bild entwirft. Grundlage für eine Perspektive ist im allgemeinen der Grundriß. In Abb. 3.4 ist ein Verfahren anschaulich dargestellt, wie die beiden Projektionsarten zuzuordnen sind. Senkrecht zur Grundebene α, die auch den Grundriß enthält, liegt die Bildebene π, sie schneidet diese in der Bildspur gr. Das Projektionszentrum O wird senkrecht auf die Grundebene als Standpunkt O′ projiziert. Die senkrechte Orientierung von O auf die Bildebene ist der Hauptpunkt H. Die Strecke O,H bezeichnet man als Distanz d, sie drückt die Entfernung des Projektionszentrums zur Bildebene aus. Die Parallelebene zur Grundebene schneidet in der Fluchtspur ho die Bildebene. Die Fluchtspur der Grundebene bezeichnet man als Horizont ho, weil die Grundebene mit ihrer senkrechten Lage zur Bildebene eine ausgezeichnete Ebene ist.

Um die in der Grundebene liegende Strecke abzubilden, richtet man auf ihre Endpunkte R und S Projektionsstrahlen, sie durchstoßen die Bildebene in den Bildpunkten R' und S'. Man hat jetzt zwei Möglichkeiten, die dann zusammengenommen die Lage von Bildpunkten eindeutig bestimmen. Der Grundriß der Projektionsstrahlen, die von O' aus auf R und S gerichtet sind, schneiden in 1 und 2 die Bildspur gr. Die auf diesen Schnittpunkten errichteten Senkrechten treffen die Projektionsstrahlen in den gesuchten Bildpunkten R', S'. Die andere Möglichkeit, man verlängert die Strecke R,S im Grundriß bis sie die Bildspur gr schneidet und erhält so den Spurpunkt D. Der Parallelstrahl zur Strecke R,S aus O bestimmt im Schnitt mit dem Horizont ho den Fluchtpunkt F. Verbindet man D mit F, so werden die Projektionsstrahlen nach R und S und die Senkrechten über 1 und 2 in den Bildpunkten R' und S' geschnitten. Die Projektionsstrahlen in unserer Darstellung sind Raumgeraden, dagegen sind ihre Grundrißdarstellungen und die Bildgerade D,F Geraden der Grundebene bzw. der Bildebene. Damit haben wir das Verfahren erhalten, in einer gemeinsamen Zeichenebene, die den Grundriß und die Bildebene enthält, auf der letzteren eine Perspektive zu konstruieren.

3.3 Perspektive Darstellung von Strecken verschiedener Raumlage

In Abb. 3.5 liegen der Grundriß und in Abb. 3.6 die Bildebene in einer gemeinsamen Zeichenebene nebeneinander. Abb. 3.5 zeigt den Grundriß einer in der Grundebene liegenden Strecke R,S, die Bildspur gr und den Grundriß O' des Projektionszentrums. Der senkrecht aus O' auf gr gerichtete Hauptstrahl legt in H' den Hauptpunkt fest. Abb. 3.6 ist die in die Zeichenebene gelegte Bildebene, in der die Strecke R,S perspektiv darzustellen ist.

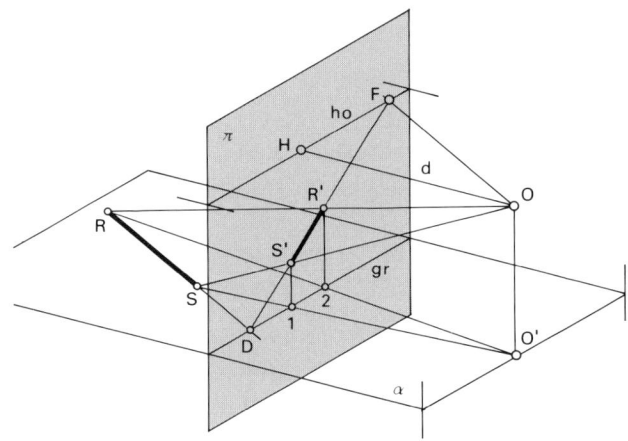

Abb. 3.4

Der Abstand Bildspur gr und Horizont ho mit dem Hauptpunkt H drückt die Höhe des Projektionszentrums über seinem Grundriß O' aus und ist hier frei gewählt. Ein Parallelstrahl aus O' bestimmt in seinem Schnitt mit gr den Fluchtpunkt F' der Strecke R,S. Verlängert man die Strecke R,S im Grundriß bis sie gr schneidet, so gewinnt man den Spurpunkt D. Überträgt man die Strecken H'F' und DH' aus dem Grundriß in das Bild, von H bzw. von H' ausgehend, so ist die Verbindungslinie D,F das Bild der Geraden a, die auch die Strecke R,S enthält. Zwei auf R,S gerichtete Projektionsstrahlen treffen gr in den Punkten 1 und 2. Die über den beiden, in die Bildebene übernommenen Schnittpunkte 1 und 2 errichteten Senkrechten schneiden aus der Bildgeraden die perspektiv darzustellende Strecke R,S aus.

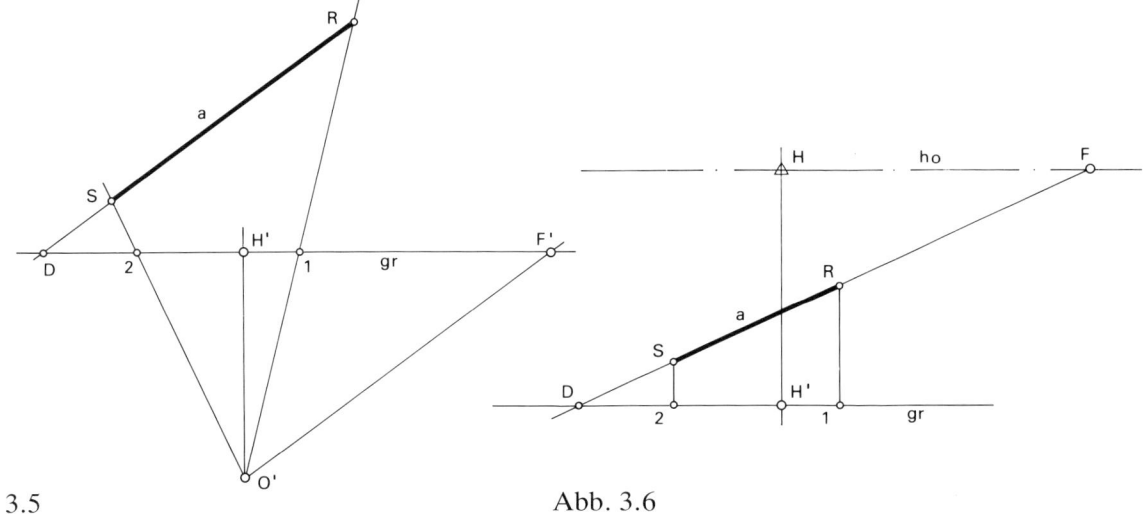

Abb. 3.5   Abb. 3.6

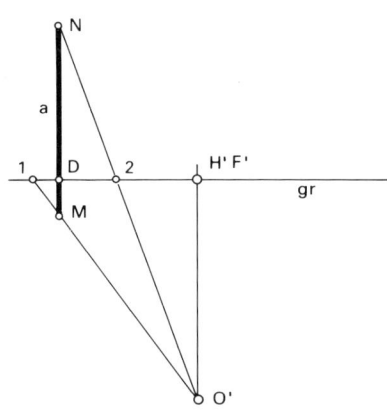 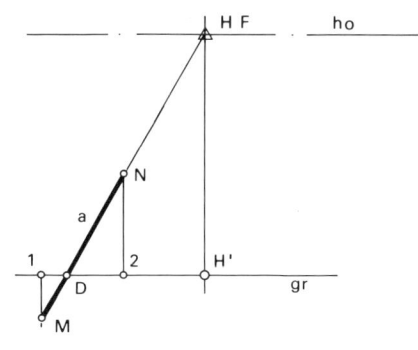

Abb. 3.7

Im Grundriß der Abb. 3.7 ist eine Gerade a wiedergegeben, die eine zur Bildebene senkrechte Lage hat. Eine solche Gerade bezeichnet man als Tiefengerade. Ein Parallelstrahl zu a deckt sich mit dem Hauptstrahl, und der Fluchtpunkt von a fällt dann in den Hauptpunkt H. In D hat a ihren Spurpunkt, und nach Übertragung von D in den Bildteil kann die Bildgerade, durch D und H,F verlaufend, gezeichnet werden. Erfaßt man die Endpunkte der Strecke M,N mit zwei Projektionsstrahlen aus O', so schneiden sie in 1 und 2 die Grundlinie gr. Die Senkrechten auf den in den Bildteil übertragenen Punkten 1 und 2 schneiden dann die Gerade a in den Endpunkten M und N der Bildstrecke.

Hat man eine zur Bildebene parallele Strecke abzubilden, so bedient man sich der Tiefengeraden als Hilfslinien. In Abb. 3.8 ist eine zur Bildebene parallele und in der Grundebene liegende Strecke R,S wiederzugeben. Im Grundriß sind auf die Endpunkte R,S Projektionsstrahlen zu richten und deren Schnittpunkte 1 und 2 auf gr in den Bildteil zu übertragen. Eine zu gr senkrechte Hilfsgerade y im Grundriß hat in D ihren Spurpunkt. Das Bild dieser Hilfsgeraden aus D nach H, als ihren Fluchtpunkt, schneidet die auf 2 errichtete Senkrechte im Bildpunkt S, und die dann durch S parallel zu gr verlaufende Bildgerade schneidet die Senkrechte auf 1 im Endpunkt R der abzubildenden Strecke.

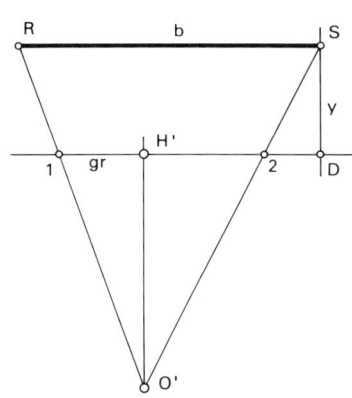 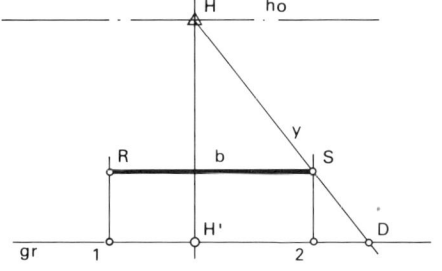

Abb. 3.8

25

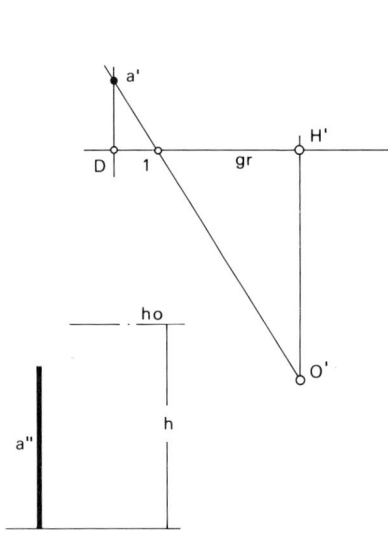

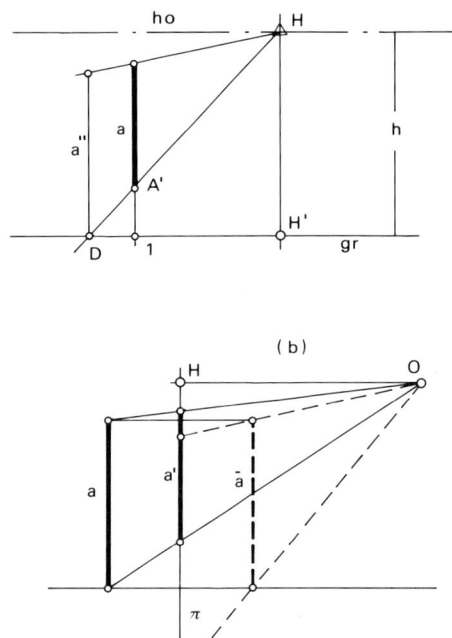

Abb. 3.9

In der Grundrißdarstellung der Abb. 3.9 ist in a′ die Lage eines zur Grundebene senkrechten Stabes festgelegt und im Aufriß a″ dessen Höhe. Aus dem Aufriß ist auch die Höhe h des Projektionszentrums zu entnehmen. Ein auf a′ gerichteter Projektionsstrahl schneidet gr in 1 und eine Tiefenlinie durch a′ hat in D ihren Spurpunkt. Beide Punkte, 1 und D, werden in den Bildteil übertragen, und das Bild der Tiefenlinie durch D nach H bestimmt im Schnitt mit der Senkrechten auf 1 die Raumlage des Stabes. Um zu verstehen, wie die Größe des Stabes entsprechend seiner Raumlage sich im Bild darstellt, betrachten wir die Skizze (b) der Abb. 3.9. In einer Seitenansicht sind die Bildebene π, eine zu ihr parallele Strecke a, senkrecht auf der Grundebene und O wiedergegeben. Richtet man Projektionsstrahlen auf die Endpunkte dieser Strecke a, so bildet sich diese zwischen den Durchstoßpunkten der beiden Projektionsstrahlen auf der Bildebene ab. Die Bildstrecke a′ erscheint verkleinert. Verlagert man a und bringt sie in die Bildebene, so deckt sie sich mit ihrem Bild. Stellt man die Strecke a vor die Bildebene als ā, dann bildet sie sich vergrößert ab.

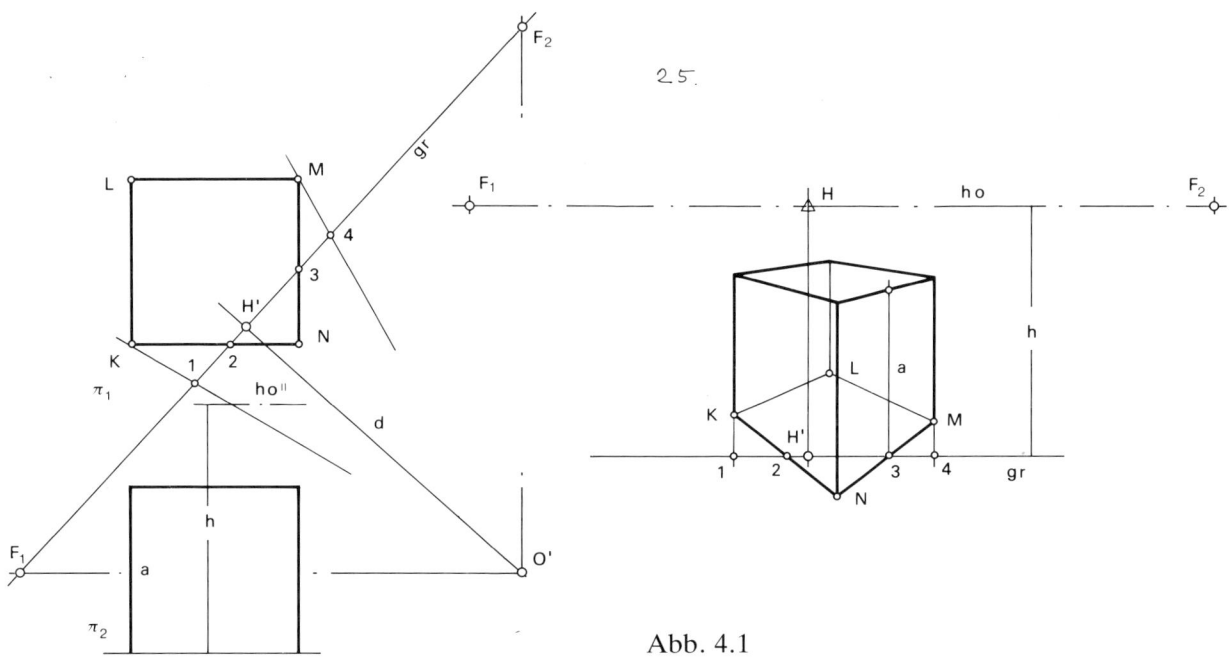

Abb. 4.1

4 Perspektiven einfacher Körper

Die Grundlagen liegen jetzt vor, um von einfachen Gegenständen Perspektiven zu konstruieren. In Abb. 4.1 ist ein Würfel darzustellen. Bildebene, Grund- und Aufriß liegen nebeneinander in einer gemeinsamen Zeichenebene. Der Standpunkt O' ist frei wählbar. Der Hauptstrahl ist auf das Objekt gerichtet, und senkrecht zum Hauptstrahl in beliebiger Lage wird die Bildspur gr gezogen. Beide schneiden sich in H', dem Grundriß des Hauptpunktes. Die Parallelstrahlen zu den Würfelkanten liefern im Schnitt mit gr die Fluchtpunkte F_1 und F_2. Die senkrechten Würfelkanten sind zur Bildebene parallel, ihr Fluchtpunkt ist deshalb auf der Bildebene nicht erreichbar, und die Bilder der senkrechten Würfelkanten sind untereinander parallel. Die Schnittpunkte 2 und 3 der Würfelkanten auf gr im Grundriß sind Spurpunkte. Durch sie, in das Bild übertragen, laufen die Bilder der Würfelkanten in Richtung F_1 bzw. F_2 und bilden in ihrem Schnitt die Ecke N. Zwei Projektionsstrahlen aus O' auf die Eckpunkte K und M gerichtet, schneiden gr in 1 und 4. Die Senkrechten auf die in das Bild übernommenen Punkte bestimmen im Schnitt mit den bereits gezeichneten Würfelkanten die Eckpunkte K und M. Die Ecke L liegt im Schnittpunkt der nicht sichtbaren Würfelkanten. Über einem Spurpunkt 3 wird eine Senkrechte errichtet und an diese, in der Bildebene liegende Senkrechte, die wahre Höhe a des Würfels abgetragen. Jetzt kann das Bild des Würfels ergänzt werden. Der Grundriß des Hauptpunktes H', der mit

in das Bild übernommen werden kann, dient lediglich als Orientierungspunkt beim Übertragen von Punkten auf die Bildspur gr.

4.1 Schattenkonstruktion, Zentralbeleuchtung

Das Einzeichnen von Schatten steigert erheblich die Raumwirkung von Perspektiven. Das Licht breitet sich von einer Lichtquelle nach allen Seiten strahlenförmig aus. Die Lichtquelle wird idealisiert als Punkt angenommen. Ist dieser Punkt ein erreichbarer Punkt, z. B. eine Lampe in einem Zimmer, so liegt eine Zentralbeleuchtung vor. Hat die Lichtquelle jedoch im Unendlichen ihren Ort, wie man es von der Sonne annimmt, dann erscheinen ihre Strahlen als untereinander parallel, und man spricht von einer Parallelbeleuchtung. Wird ein Körper von Licht getroffen, ist nur ein Teil von ihm beleuchtet, während der von der Lichtquelle abgewandte Teil im Schatten liegt. Diesen beschatteten Teil bezeichnet man als den Selbstschatten. Die Umrißlinie, die den beleuchteten Teil vom beschatteten trennt, ist die Selbstschattengrenze. Auf ihr liegen die Punkte, in denen der Körper von Lichtstrahlen gestreift wird. Die Gesamtheit der Lichtstrahlen, die den Körper in der Selbstschattengrenze berühren, bildet bei Zentralbeleuchtung einen Strahlenkegel, bei Parallelbeleuchtung einen Lichtstrahlenzylinder. Dieser Strahlenkegel bzw. Strahlenzylinder schneidet die Schattenauffangebene in Spuren, die dann die Schlagschattengrenze bilden. Daraus läßt sich der Satz formulieren: Der

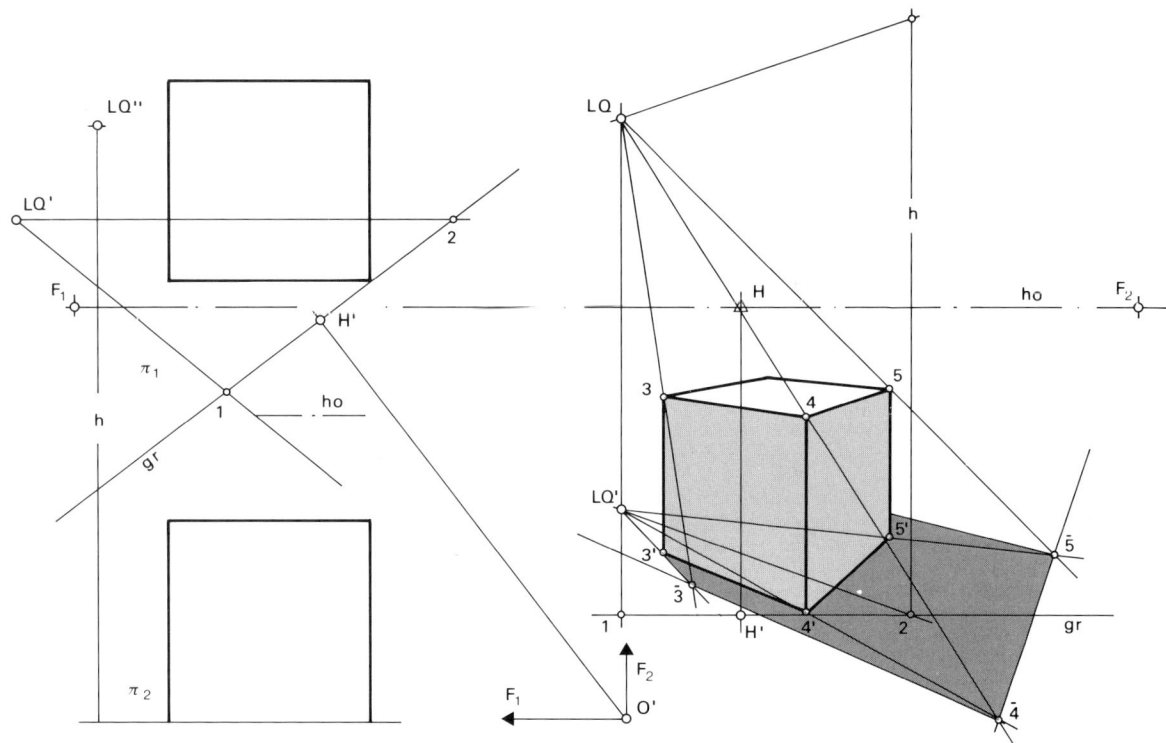

Abb. 4.2

Schlagschattenumriß eines Körpers ist eine Zentral- bzw. Parallelprojektion seiner Selbstschattengrenze auf eine Schattenauffangebene.

Für die Konstruktion des Schattens einer Zentralbeleuchtung der Abb. 4.2 ist die perspektive Darstellung aus Abb. 4.1 zugrunde gelegt. Ergänzend wird im Grundriß der Fußpunkt LQ′ einer Lichtquelle, etwa einer Lampe, und im Aufriß deren Höhe LQ″ eingetragen. Eine Gerade, die zu einer Würfelkante parallel ist, und ein Projektionsstrahl, im Grundriß beide auf LQ′ gerichtet, schneiden in 1 und 2 die Bildspur gr. Überträgt man beide Punkte ins Bild und errichtet auf 1 eine Senkrechte, dann wird diese von der Geraden durch 2 in Richtung F_1 im Fußpunkt LQ′ geschnitten. An einer Senkrechten auf 2 wird die Höhe h der Lichtquelle abgetragen, die aus dem Aufriß zu entnehmen ist. Eine Gerade in Richtung F_1 bringt dieses Maß perspektivisch verändert an eine Senkrechte über LQ′. LQ ist die Lage der Lichtquelle im Bildraum und LQ′ ihr Fußpunkt auf der Schattenauffangebene, die hier die Grundebene ist.

Der Fußpunkt der Lichtquelle liegt hinter dem Würfel, folglich liegen die dem Betrachter zugewandten Würfelseiten im Schatten. Man erhält jetzt den Schlagschatten des Würfels auf der Grundebene, indem man durch die schattenwerfenden Eckpunkte 3, 4 und 5 Lichtstrahlen aus LQ zieht. Dort, wo sie die Grundebene treffen, liegen ihre Schatten. Richtet man aus LQ′, dem Fußpunkt der Lichtquelle, Strahlen auf die Fußpunkte 3′, 4′ und 5′ der schattenwer-

fenden Eckpunkte, so schneiden sie sich mit ihren zugeordneten Lichtstrahlen in den gesuchten Schattenpunkten $\bar{3}$, $\bar{4}$ und $\bar{5}$. Verbindet man die Schattenpunkte auf der Grundebene, so ist dieser Polygonzug die Schlagschattengrenze. Dabei erkennt man, daß Kanten, die zur Schattenauffangebene parallel sind, Schatten werfen, die zu ihnen selbst parallel verlaufen. Das heißt, die schattenwerfenden Kanten und ihre Schatten haben ein und denselben Fluchtpunkt. Die im Selbstschatten liegenden Würfelseiten erhalten von ihrer Umgebung Reflexlicht, der Schlagschatten jedoch nicht. Dadurch bedingt erscheint der Selbstschatten etwas heller als der Schlagschatten.

4.2 Sonnenbeleuchtung

Lichtstrahlen, die von der Sonne kommen, betrachten wir wegen der großen Entfernung als untereinander parallel. In diesem Fall liegt eine Parallelbeleuchtung vor. Man hat es jetzt nicht mit einer erreichbaren Lichtquelle zu tun, deren Ort im wirklichen Raum bestimmt werden kann, sondern mit einer Lichtrichtung. Wie alle untereinander parallelen Geraden haben auch diese Lichtstrahlen im Bildraum einen Fluchtpunkt, der dann von einem Parallelstrahl aus O auf der Bildebene bestimmt wird.

In Abb. 4.3 ist anschaulich dargestellt, wie ein Stab T,U nach T,Ū seinen Schatten wirft. Ein Lichtstrahl durch U durchstößt in Ū die Grundebene. Das Ganze ist nun auf einer davorstehenden Bildebene π wiedergegeben. Ein Parallelstrahl p aus O, der mit seiner Lage Richtung und Einfallwinkel α der untereinander parallelen Lichtstrahlen ausdrückt, durchstößt in L die Bildebene. L ist der Fluchtpunkt aller Lichtstrahlen oder, wenn man will, das Bild der Sonne. Auf der senkrechten Projektion von L auf die Horizontlinie ho, also auf der Fluchtspur der Grundebene, die ja Schattenauffangebene ist, liegt der Fußpunkt LF. Das Bild eines Lichtstrahls aus L durch U und seine Projektion aus LF durch T schneiden sich in Ū. Somit haben wir auf der Bildebene den Vorgang dargestellt, wie auf konstruktivem Wege der Schatten im Bild zu finden ist.

Im Grundriß der Abb. 4.4 gibt der Parallelstrahl n′ die Lichtrichtung an, und im Aufriß ist der wahre Lichteinfallwinkel von 40° eingezeichnet. In LF′, dem Fußpunkt, schneidet n′ die Bildspur gr. Da jedoch der Parallelstrahl eine ansteigende Gerade und n′ seine zur Grundebene parallele Projektion ist, siehe auch Abb. 4.3, wird die Ebene, die den Parallelstrahl enthält, um n′ als Drehachse in eine zur Grundebene parallele Lage gebracht. Das geschieht, indem man von O′ aus die Gerade n zeichnet, die mit n′ den Lichteinfallwinkel bildet. Die in LF′ auf n′ errichtete

Abb. 4.3

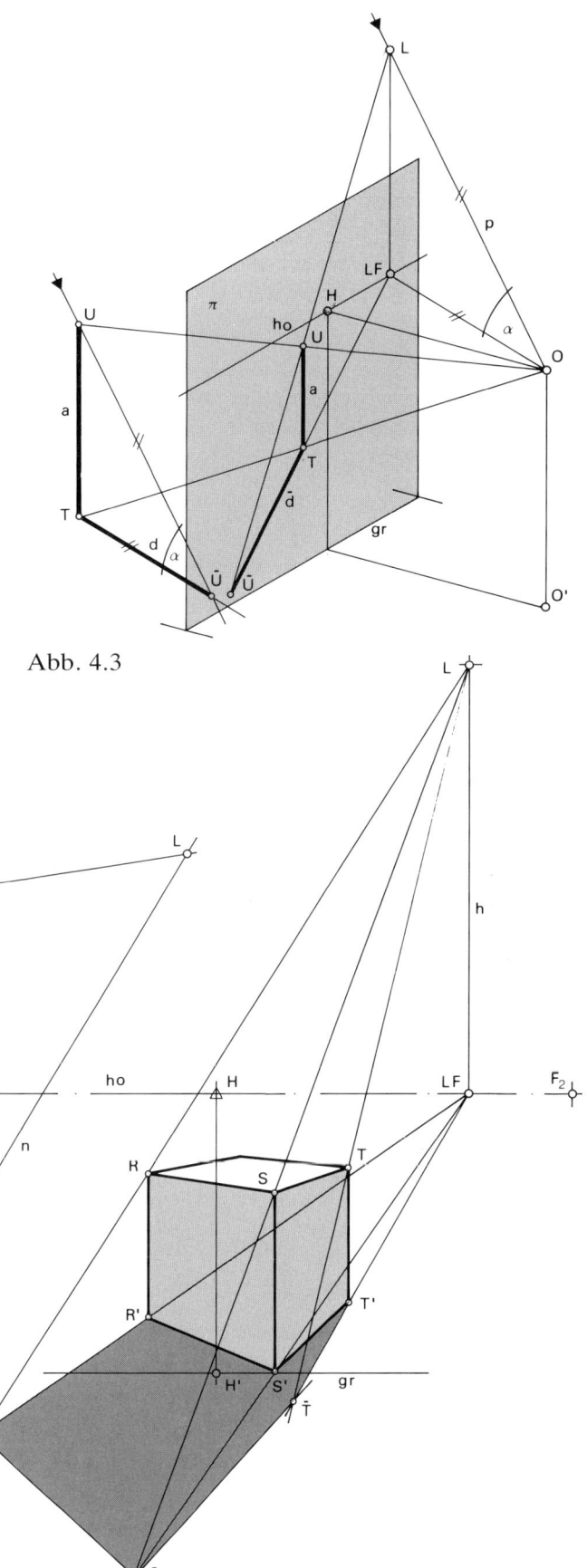

Abb. 4.4

Senkrechte schneidet den umgelegten Parallelstrahl n im Lichtfluchtpunkt L. Auf LF, den an ho übertragenen Lichtfußpunkt im Bildteil, wird eine Senkrechte errichtet und an diese die im Grundriß gewonnene Strecke LF′,L abgetragen. Die aus L auf die schattenwerfenden Eckpunkte R, S und T des Würfels gerichteten Lichtstrahlen treffen die Grundebene in den Schattenpunkten. Man findet sie, indem aus LF durch die Fußpunkte R′, S′ und T′ der schattenwerfenden Eckpunkte die Projektionen der Lichtstrahlen gezeichnet werden. Sie schneiden sich dann in den Schattenpunkten R̄, S̄ und T̄ mit ihren Lichtstrahlen. Auch bei Sonnenbeleuchtung gilt: Schattenwerfende Kanten, die parallel zur Schattenauffangebene sind, werfen Schatten, die wiederum parallel zu den schattenwerfenden Kanten verlaufen. Im vorliegenden Fall steht die Sonne vor dem Betrachter, und der Schatten fällt auf ihn zu. Der Fluchtpunkt L der Lichtstrahlen liegt dann senkrecht über seinem Fußpunkt, der bei Sonnenbeleuchtung stets auf der Fluchtspur der Schattenauffangebene seinen Ort hat, die hier die Grundebene ist. Der Fußpunkt ist zugleich Fluchtpunkt aller Lichtstrahlenprojektionen auf der Grundebene.

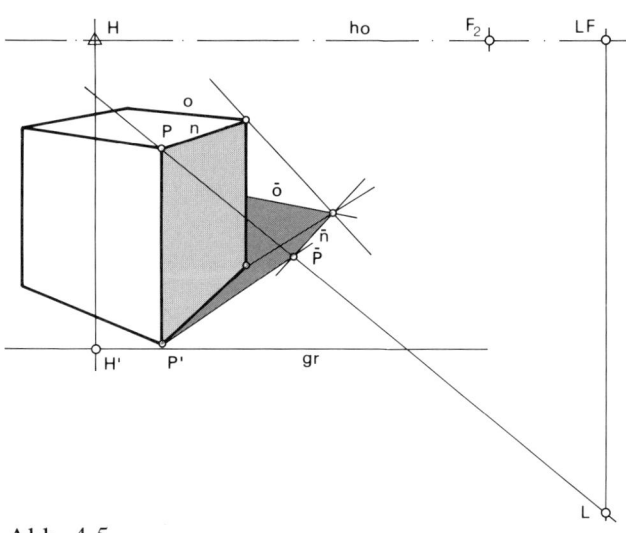

Abb. 4.5

In Abb. 4.5 steht die Sonne hinter dem Betrachter, der Schatten fällt von ihm fort. Der Lichtfluchtpunkt L liegt jetzt unterhalb seines Fußpunktes LF. Die Kante o wirft ihren Schatten nach ō, der seine Richtung nach F_1 nimmt, den Fluchtpunkt dieser Kante. Der Schatten von n fällt nach n̄ und beide fluchten nach F_2.

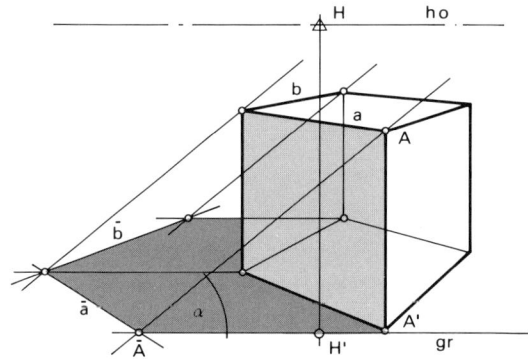

Abb. 4.6

In Abb. 4.6 steht die Sonne seitwärts vom Betrachter. In diesem Fall sind die Lichtstrahlen parallel zur Bildebene, und so bleiben auch ihre Bilder untereinander parallel, denn ihr Fluchtpunkt und somit auch der Fußpunkt sind auf der Bildebene nicht erhältlich, siehe Abb. 3.2. Die Lichtstrahlen durch die schattenwerfenden Punkte sind auch untereinander parallel und bilden mit ihren zur Bildspur gr parallel laufenden Projektionen auf der Grundebene den wahren Lichteinfallwinkel α. Aus den Schattendarstellungen ersieht man: Eine zur Schattenauffangebene senkrechte Kante wirft ihren Schatten in Richtung Lichtfußpunkt.

4.3 Perspektive mit mehreren Fluchtpunkten

Abb. 4.7. Grund- und Aufriß zeigen drei Würfel, deren Bild zu konstruieren ist. Schon bei der Wahl des Standpunktes O′ und der Blickrichtung kann die Ansicht überprüft werden, die man von den darzustellenden Objekten erhalten wird. Gedachte Linien aus O′ an geeignete Punkte der Objekte zeigen im Grundriß, was sichtbar und was verdeckt wird. Senkrecht zur gewählten Blickrichtung d, die auch als Hauptstrahl bezeichnet wird, ist die Bildebene in ihrer Spur gr festzulegen. Sie hat hier eine Lage, in der sie vom Objekt durchdrungen wird, so daß Teile der Würfel vor ihr liegen.

Die Kanten der beiden auf der Grundebene stehenden Würfel laufen jeweils parallel zu zwei Hauptrichtungen. Die Parallelstrahlen zu diesen Richtungen bestimmen in F_1 und F_2 auf gr deren Fluchtpunkte. Die Kanten des Würfels, der auf den beiden anderen steht, haben andere Richtungen. Die Parallelstrahlen zu diesen Kanten legen in F_3 und F_4 zwei weitere Fluchtpunkte fest. Man hat nun für die Konstruktion der Perspektive vier Fluchtpunkte einzusetzen. Aus

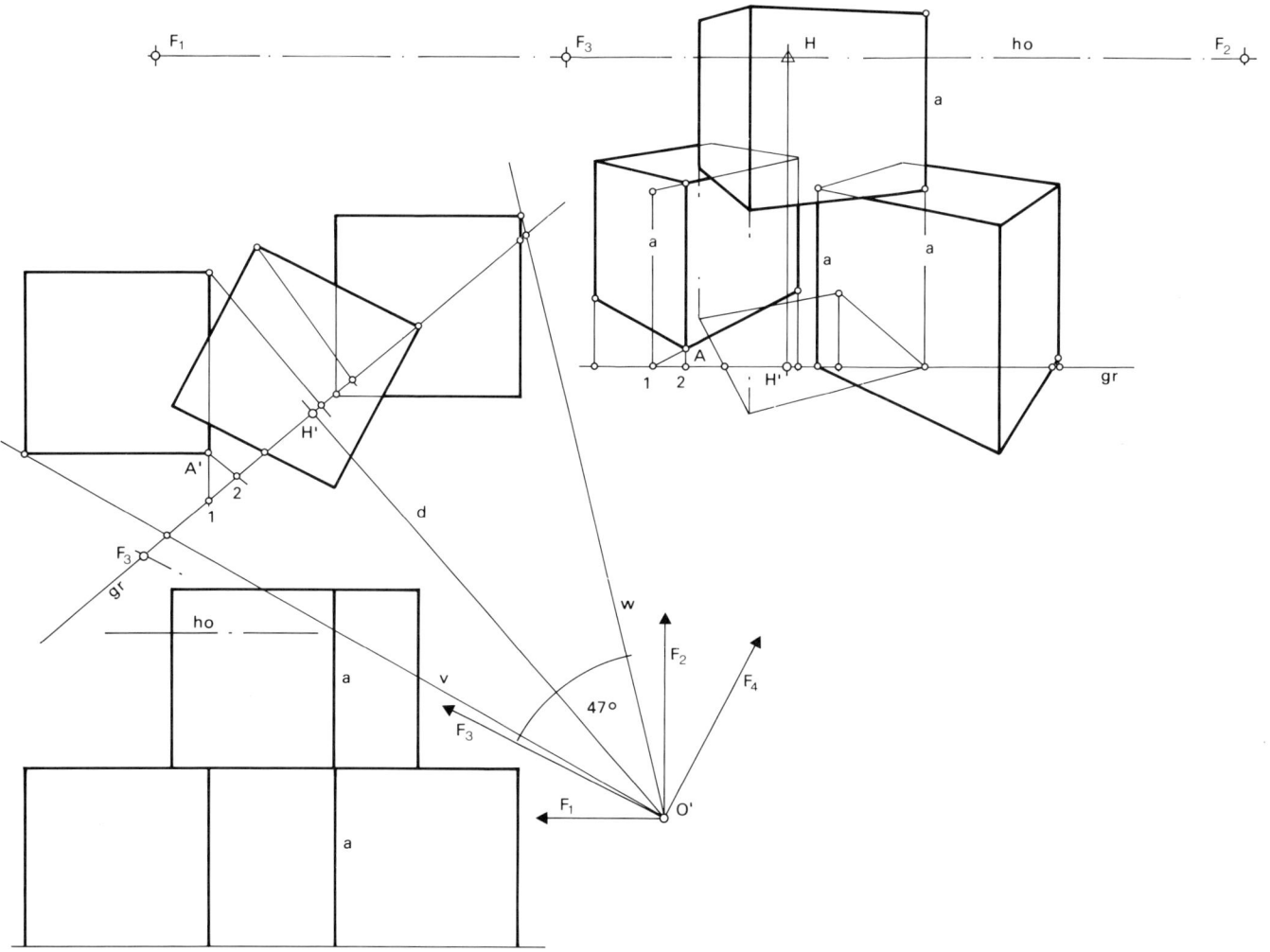

Abb. 4.7

Platzgründen liegt der Fluchtpunkt F_4 außerhalb der Zeichenfläche, ist jedoch durch die Richtung seines Parallelstrahls im Bedarfsfall erhältlich.

Nach Übertragung der Fluchtpunkte auf die Horizontlinie ho im Bildteil kann mittels der Spurpunkte der Würfelkanten und der Durchstoßpunkte von Projektionsstrahlen das Bild der drei Würfel konstruiert werden. Verlängert man die Würfelkante über den Eckpunkt A′ hinaus, so erhält man den Spurpunkt 1; ein Projektionsstrahl auf A′ gerichtet liefert den Durchstoßpunkt 2. Im Bildteil legt man durch 1 eine Linie in Richtung F_2, sie schneidet die Senkrechte auf 2 im Eckpunkt A. An einer Senkrechten, die über einem Spurpunkt errichtet wird und somit in der Bildebene liegt, ist jeweils das wahre Höhenmaß abzutragen. Über seinem Grundriß wird der mittlere Würfel, der auf den beiden anderen steht, in der Höhe a und mit der Kantenlänge a konstruiert.

4.4 Bildwinkel und Perspektivität, Distanz und Bildmaßstab

Es gibt verschiedene Anordnungen, Perspektiven aus dem Grundriß heraus zu konstruieren. Die hier gezeigte läßt uneingeschränkt die Wahl des richtigen Standortes zu und erlaubt, das Bild gesondert auf einem Blatt im beliebigen Maßstab zu konstruieren. Legt man im Grundriß der Abb. 4.7 von O′ aus zwei Projektionsstrahlen v und w an die äußeren Punkte der abzubildenden Objekte, so schließen sie einen Winkel ein, der als Bildwinkel bezeichnet wird. Die Strahlen v und w begrenzen den Bildinhalt und können auch als die Mantellinie eines Sehkegels aufgefaßt werden, der im Projektionszentrum O seine Spitze hat und von der Bildebene geschnitten wird. Die Kegelachse, bleibt man bei diesem Bild, entspricht dem Hauptstrahl oder der Hauptblickrichtung und durchstößt die Bildebene senkrecht.

Verlagert man die Bildebene und rückt sie näher an das Projektionszentrum, dann wird das Bild, das auf

31

ihr entsteht, kleiner, und bringt man die Bildebene in eine größere Entfernung zu O, dann gewinnt man eine vergrößerte Abbildung der Gegenstände, die von dem unverändert gebliebenen Bildwinkel erfaßt werden. Die Strecke Projektionszentrum-Bildebene, die am Hauptstrahl gemessen wird, bezeichnet man als Distanz d. Wird hingegen das Projektionszentrum O näher an das Objekt herangebracht, so hat sich der Bildwinkel zu verändern, um das Objekt noch als Ganzes zu erfassen, und mit einer Veränderung des Bildwinkels stellt sich auch eine andere Perspektive ein, die man von den Gegenständen gewinnt. Kurz gefaßt kann man sagen: Der Ort des Projektionszentrums in bezug zum Objekt legt die Perspektivität fest, und die Lage der Bildebene bestimmt dann lediglich den Bildmaßstab.

4.5 Das Betrachten von Perspektiven

Betrachtet man die perspektivische Darstellung senkrecht über dem Hauptpunkt H im Abstand der Distanz d, so hat man das Auge an den geometrischen Ort des Projektzentrums gebracht und der Eindruck, der sich jetzt beim Betrachten der Perspektive einstellt ist optimal, weil alle Sehstrahlen, die auf Punkte der Perspektive gerichtet sind, jeweils gleichbedeutende Punkte des Objektes treffen würden, wenn statt des Bildes das Objekt selbst den Raum einnehmen würde, der in der Abbildung wiedergegeben ist. Bringt man aber das Auge beim Betrachten der Perspektive an einen anderen Ort, so wäre die im Bild festgelegte Anordnung gestört. Die Perspektivität, darunter versteht man die Verzerrung, die das Bild des Gegenstandes durch den Projektionsvorgang erleidet, ist dann im Bild anders, als man sie aus dem jetzt eingenommenen Standpunkt heraus hätte. Sehstrahlen, die auf Bildpunkte gerichtet sind, zielen dann nicht mehr auf gleichbedeutende Punkte des fiktiven Gegenstandes, Abb. 4.8.

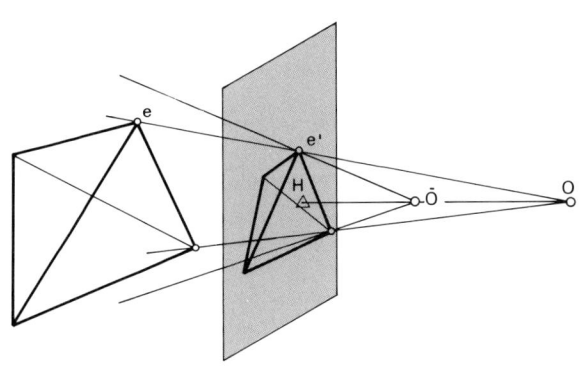

Abb. 4.8

Eine Perspektive, und das gilt auch für Fotografien, sollte man stets aus der Entfernung ihrer Distanz d betrachten. Bei Fotografien tritt an Stelle des Projektionszentrums das Objektiv, die Bildebene ist mit der Filmebene gleichzusetzen, und die Distanz entspricht der Brennweite des Objektivs. Der Bildwinkel begrenzt den Bildinhalt und wird von der Brennweite festgelegt. Die amerikanische Zeitschrift „Life" hat grundsätzlich ihre Bildreportagen, selbst auf Kosten der Bildinhalte, so gestaltet, daß beim Betrachten der Abbildungen der optimale Eindruck entstehen konnte. Die Bildreporter waren angehalten, zusammen mit den Negativen ihrer Bildreportagen, die Brennweiten der verwendeten Objektive anzugeben. Das gilt ganz besonders für Architekturaufnahmen, die ja das Raumgefüge unverzerrt wiederzugeben haben. Dazu ein Beispiel: Eine Architekturaufnahme soll zur Veröffentlichung in einer Fachzeitschrift bereitgestellt werden. Der dafür vorgesehene Platz beträgt zwei Spalten, etwa 16 cm. Die Aufnahme wurde mit einer Kleinbildkamera gemacht, deren Objektiv eine Brennweite von 7 cm hatte. Der Leseabstand beträgt 35 cm. Aus diesem Abstand wird dann später auch die Architekturaufnahme in der Zeitschrift betrachtet. Damit die dem Negativ zugrunde gelegte Brennweite von 7 cm nach seiner Vergrößerung dem Betrachtungsabstand von 35 cm entspricht, hat man das Negativ von 3,6 cm Breitenausdehnung auf das 5fache zu vergrößern. Man erhält jetzt ein auf 18 cm Breite vergrößertes Bild, das dann, allerdings auf Kosten des Bildinhaltes, auf 16 cm Breite zugeschnitten werden muß. Soll aber vom Bildinhalt durch Beschneiden nach der erforderlichen Vergrößerung nichts verloren gehen, so verwendet man für die Aufnahme ein Objektiv größerer Brennweite, wenn der Abstand zum aufzunehmenden Gebäude es zuläßt. Man hat dann durch diese Maßnahme den Vergrößerungsfaktor und zugleich den Bildwinkel verringert. Denn im gleichen Maß, wie die Distanz (Brennweite) dem Betrachtungsabstand angepaßt wird, verändert sich der Vergrößerungsfaktor.

Wie man sieht, wird die perspektive Verzerrung, die das Bild eines Objektes beim Abbilden erhält, von der Lage des Objektes in bezug zum Projektionszentrum und der Hauptblickrichtung bestimmt. Die Lage der Bildebene hat darauf keinen Einfluß. Man kann jedoch mittels ihrer Lage bei der Konstruktion die späteren Betrachtungsbedingungen berücksichtigen. Liegt das Objekt weit seitlich von der Blickrichtung entfernt, so vergrößert sich der Bildwinkel, um es noch erfassen zu können. Die an der Peripherie liegenden Bildteile erscheinen zunächst verzerrt. Die Verzerrung wird jedoch beim Betrachten aufgehoben, wenn der eingenommene Betrachtungsabstand der Distanz entspricht. Der schräge Einblick auf die außenliegenden Bildteile folgt dann genau den Projektionsstrahlen, die bei der Konstruktion Bild- und

Objektpunkte miteinander verbinden. Bei den Perspektiven in diesem Buch konnte die Distanz, die der Konstruktion zugrunde liegt, dem Betrachtungsabstand von ca. 35 cm nicht angepaßt werden. Der Platz ist beschränkt und der Konstruktionsgang in einer Perspektive muß verfolgt werden können.

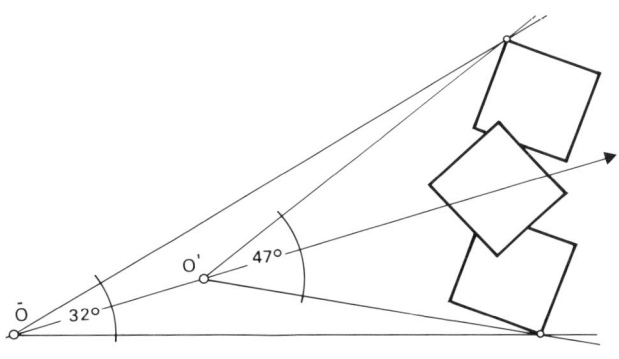

Abb. 4.9

In der Skizze der Ab. 4.9 ist verkleinert der Grundriß von Abb. 4.7 wiedergegeben, zusammen mit dem Standpunkt O′, von dem aus die Perspektive konstruiert wurde. Die Lage der Bildebene ist nicht eingezeichnet. Der das Objekt erfassende Bildwinkel beträgt 47°. Bringt man das Auge beim Betrachten der Perspektive von Abb. 4.7 senkrecht über H in eine Entfernung von 6,5 cm, so hätte man den optimalen Eindruck, wenn das Auge auf diesen geringen Abstand noch adaptieren könnte. Man hat also bei der Konstruktion einer Perspektive die Entfernung zum Objekt bzw. die Distanz so zu wählen, daß die Perspektive aus einem angenehmen Sehabstand betrachtet werden kann. Die Perspektive der Abb. 4.11 wurde aus einer Distanz konstruiert, die aus dem Bildwinkel von 32° hervorging, und man hat somit einen Sehabstand von 17,5 cm gewonnen, denn um den gleichen Vergrößerungsfaktor, mit dem die Perspektive gegenüber der Skizze von Abb. 4.9 vergrößert wurde, vergrößert sich auch die Distanz; unabhängig davon, ob man die Vergrößerung durch die richtige Wahl der Bildebene oder durch Nachvergrößerung des Bildes erreicht hat.

Will man das Objekt mit seiner Breitenausdehnung in einer bestimmten Größe darstellen, ohne den Bildwinkel und somit die Perspektivität zu verändern, so hat man diese Größe, die sich in Abb. 4.10 in der Strecke a ausdrückt, senkrecht zum Hauptstrahl ausgerichtet, zwischen den beiden Projektionsstrahlen v und w des Bildwinkels einzupassen. Damit ist die Bildebene mit ihrer Spur gr festgelegt. Das perspektive Bild, das jetzt entsteht, hat dann die Breitenausdehnung der Strecke a. Daraus geht hervor, daß bei der Konstruktion von Perspektiven und überhaupt im Umgang mit Zentralprojektionen, dazu gehören insbesondere Fotografien, zu beachten ist, unter welchen Bedingungen die Bilder betrachtet werden sollen, um zu gewährleisten, daß sich beim Betrachten der optimale Eindruck einstellen kann. Wird das Original im Maßstab verändert, so verändert sich im gleichen Verhältnis der Sehabstand.

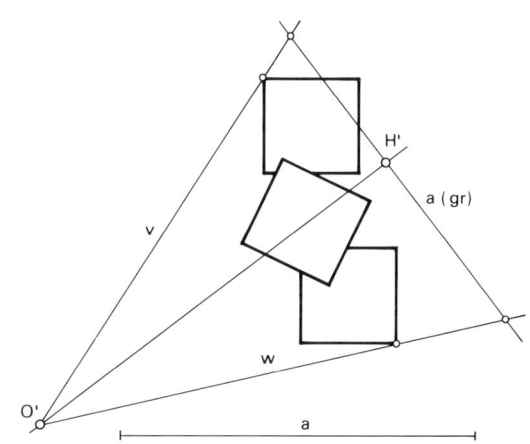

Abb. 4.10

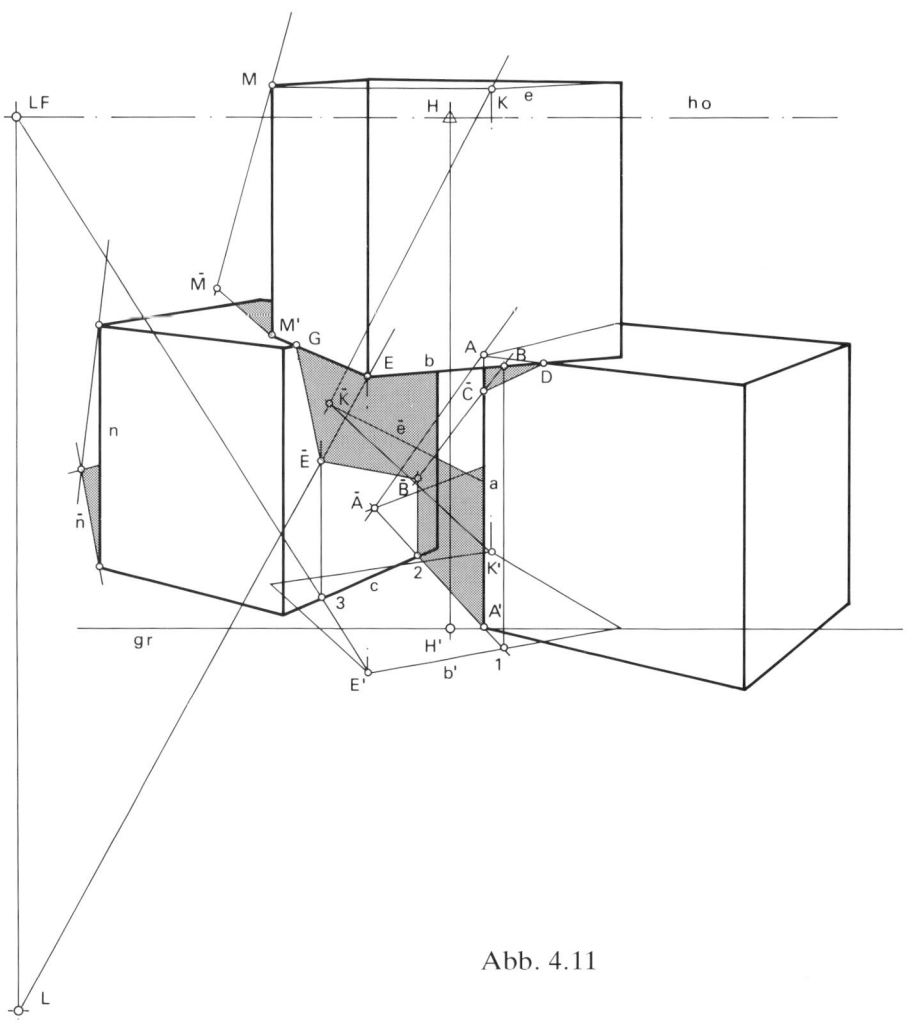

Abb. 4.11

4.6 Freie Wahl einer Sonnenbeleuchtung im Bild

Die Sonnenbeleuchtung in Abb. 4.11 wurde frei gewählt. Um eine im Bild sofort zu beurteilende Schattenwirkung zu erhalten, wählt man einen geeigneten Punkt, hier den Eckpunkt E des oberen Würfels. Soll sein Schatten nach Ē fallen, so legt man durch E und Ē einen Lichtstrahl. Die Senkrechte durch den gewählten Schattenpunkt Ē trifft in 3 die Grundebene, und eine Gerade durch 3 und E′, dem Fußpunkt von E, schneidet in ihrer Verlängerung in LF die Fluchtspur ho der Grundebene. Eine Senkrechte durch LF wird in L vom Lichtstrahl getroffen, der durch Ē gelegt wurde. Damit hat man den Lichtstrahl in eine senkrechte Hilfsebene gelegt, deren Spur auf der Grundebene in LF den Lichtfußpunkt bestimmt, und die Senkrechte auf LF ist die Fluchtspur der Hilfsebene und aller zu ihr parallelen Ebenen. In L legt der in der Hilfsebene liegende Lichtstrahl den Lichtfluchtpunkt fest. Ein durch den Eckpunkt A gelegter Lichtstrahl und seine Projektion auf der Grundebene treffen sich in Ā. Man hat jetzt die schattenwerfende Würfelkante

a in eine Hilfsebene in Lichtrichtung gebracht, und in deren Spur liegt auch der Schatten von a, der in 2 von der senkrechten Würfelfläche in seinem Verlauf unterbrochen wird und an ihr senkrecht hochsteigt, bis ihn der Schatten des oberen Würfels überlagert. Verlängert man die Spur der Hilfsebene auf der Grundebene über den Fußpunkt A′ hinaus, dann schneidet sie in 1 den Grundriß der Würfelkante b. Senkrecht darüber durch B, ein Punkt der schattenwerfenden Kante b, wird ein Lichtstrahl gelegt, der in C̄ die Kante a streift und in seinem weiteren Verlauf in B̄ die Würfelfläche trifft. Der Schatten, den die Kante b wirft, beginnt in D und läuft nach C̄. In B̄ trifft er den hinteren Würfel und endet im Schattenpunkt Ē. Der Schatten der anschließenden Kante fällt von Ē nach G. Der noch sichtbare Schatten, den der vordere Würfel auf die Grundebene wirft, wird überlagert vom Schatten, der vom oberen Würfel kommt. Der Eckpunkt K des oberen Würfels hat seinen Schatten in K̄ und der Schatten von e fällt nach ē.

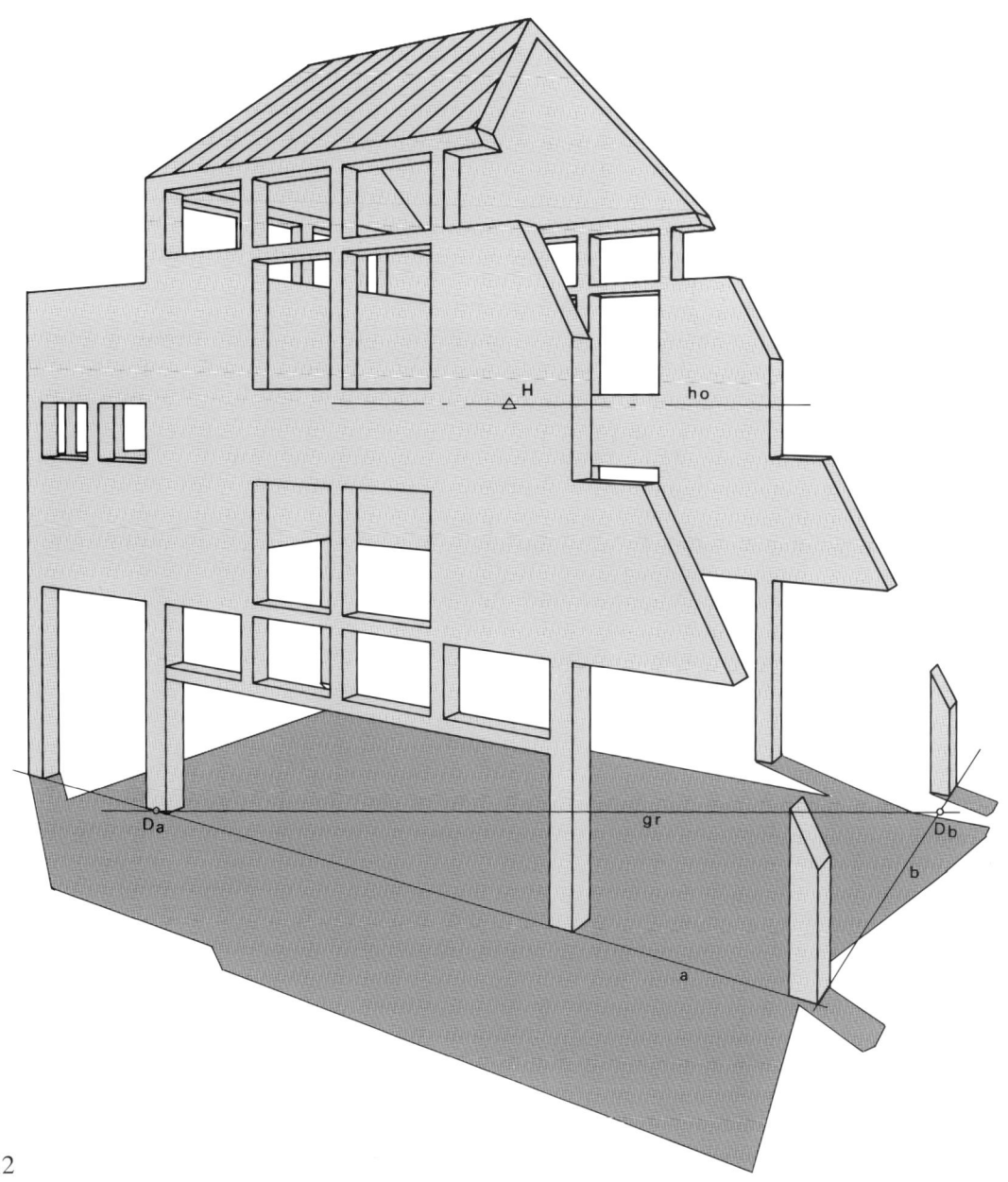

Abb. 4.12

4.7 Anwendungsbeispiele

Anwendungsbeispiel
Die Perspektive des Gebäudes wurde aus Grund- und Aufriß konstruiert. Mit der Lage der Bildspur gr im Grundriß legen wir die Größe des perspektiven Bildes fest, indem wir senkrecht zur Hauptblickrichtung zwischen zwei Strahlen aus O', die auf die äußersten Punkte des Bauwerkes gerichtet sind, die Strecke einpassen, die der beabsichtigten Breitenausdehnung der Perspektive entsprechen soll.

Die beiden Hauptrichtungen a und b, die nach F_1 und F_2 fluchten, haben in D_a und D_b ihre Spurpunkte. Den schrägen Schnitt durch das Gebäude, der einen Einblick in das Innere gestattet, zeichnet man zweckmäßigerweise in die fertige Perspektive, denn wir benötigen, um ihn herzustellen, keine Rißzeichnung. Man hat dann auch die Möglichkeit, den Schnitt an geeigneter Stelle vorzunehmen und kann sofort feststellen, was durch den Schnitt freigelegt wird.

35

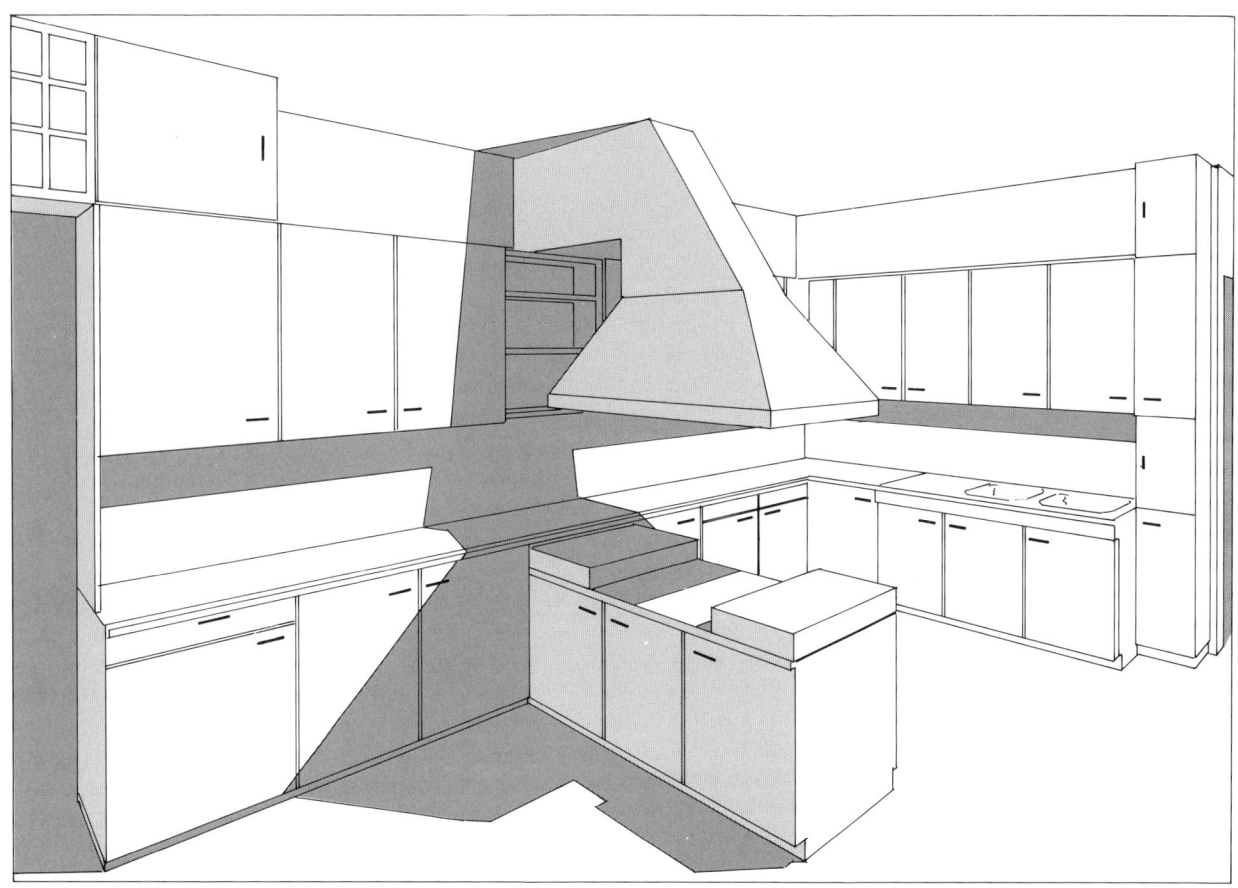

Abb. 4.13

Anwendungsbeispiel
Bei der Innenraumperspektive liegt eine Zentralbeleuchtung vor. Die Lichtquelle hat ihren Ort unmittelbar unter der Decke, und senkrecht darunter auf der Grundebene liegt ihr Fußpunkt. Man konstruiert den Schatten, indem man durch die schattenwerfenden Punkte Lichtstrahlen legt und dort, wo diese die Schattenauffangebene treffen, haben diese Punkte ihre Schatten.

Konstruktiv bedeutet das, wir legen den Lichtstrahl in eine senkrechte Hilfsebene, die auch die Lichtquelle und ihren Fußpunkt enthält und verfolgen auf der Schattenauffangebene ihre Spur. Der in ihr liegende Lichtstrahl trifft dann dort die Schattenauffangebene, wo er von der Spur dieser Hilfsebene geschnitten wird. Verbinden wir die erhaltenen Schattenpunkte, so stellt dieser Polygonzug die Schlagschattengrenze dar.

Abb. 4.14

Anwendungsbeispiel
Die Perspektive wurde nach Grund- und Aufriß konstruiert. Der schräg zum Hauptgebäude stehende
Baukörper hat zur Bildebene eine parallele Lage und
steht auf einem ansteigenden Gelände. Die Kanten
sind zur Bildebene parallel und die Strecken werden,
wie Abb. 3.8 zeigt, in das Bild übertragen. Man
kommt also mit zwei Fluchtpunkten aus.

Anwendungsbeispiel
Das freie Skizzieren einer Perspektive hat die Schwie-
rigkeit, daß die Proportionsgenauigkeit im Erscheinungsbild nicht gewährleistet ist. Will man aber eine
skizzenhafte Zeichnung, so konstruiert man lediglich
ein Gerüst, das die wichtigsten Abmessungen enthält
als Perspektive. Auf ein darüber gelegtes Transparentpapier läßt sich dann frei, mit dem Gerüst als
Unterlage, eine skizzenhafte Perspektive herstellen.
Gerade für umfangreiche Perspektiven mit vielen
Einzelheiten ist eine skizzenhafte Darstellung außer-
ordentlich reizvoll.

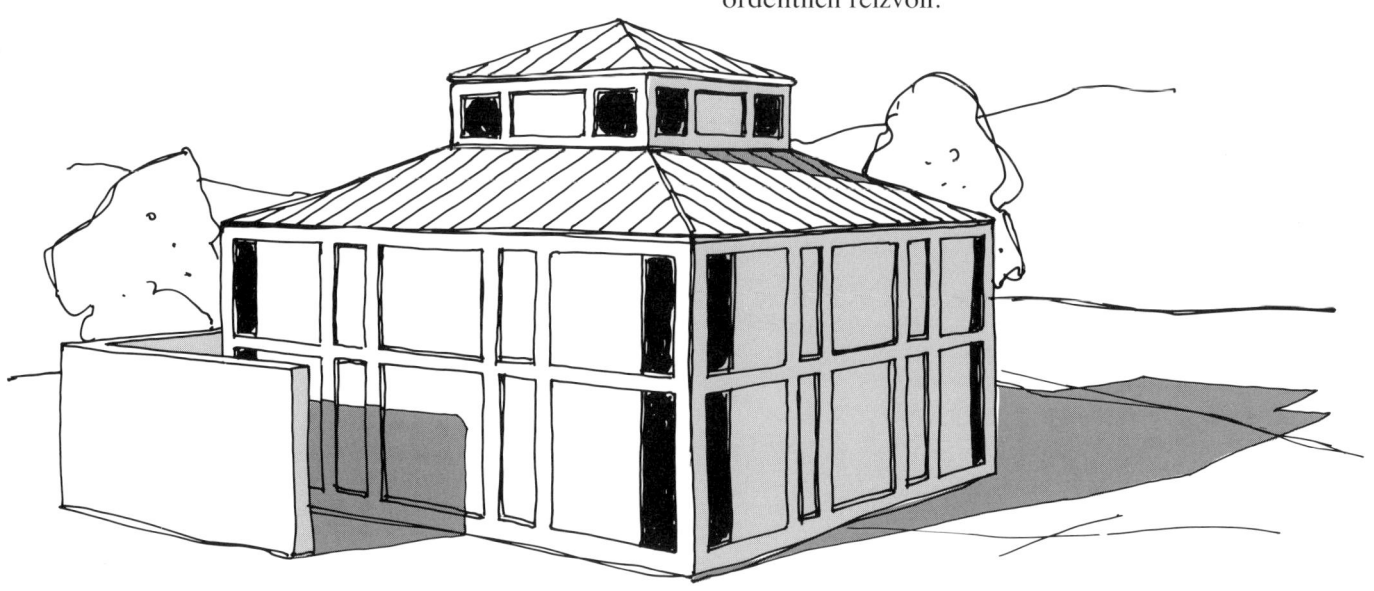

Abb. 4.15

Abb. 4.16

Anwendungsbeispiel
Die Perspektive der beiden Häuser wurde aus Grund- und Aufriß konstruiert. Die umgebende Bebauung ist nur angedeutet, damit die Aufmerksamkeit für die beiden Häuser erhalten bleibt. Um die Wirkung eines Bauwerkes im Ensemble zu beurteilen, hat die Perspektive gegenüber dem Modell einen entscheidenden Vorteil, sie kann ein Erscheinungsbild wiedergeben aus einer Sicht, wie sie nur der Fußgänger erleben wird.

Die Sonne steht seitwärts vom Betrachter, die untereinander parallelen Lichtstrahlen sind dann zur Bildebene und auch zu ihren Bildern parallel. Wir haben also keinen Lichtfluchtpunkt und keinen Lichtfußpunkt. Bestimmen wir z.B. den Schatten, der vom Schornstein geworfen wird, so legen wir durch die schattenwerfende Schornsteinkante eine Hilfsebene, parallel zur Bildebene, und verfolgen ihre Spuren auf den Schattenauffangebenen. Das sind die Grundebene und die Dachfläche. Der Konstruktionsgang ist hier nicht eingezeichnet, kann aber leicht in der Vorstellung verfolgt werden, wenn wir den Fußpunkt der Schornsteinkante auf der Grundebene aufsuchen.

5 Perspektiven zusammengesetzter Figuren

5.1 Konstruktionshilfen mittels Diagonalen

Allein mit der Übertragung der wenigen Punkte 1–6 aus dem Grundriß in das Bild läßt sich die Perspektive des Architekturelementes der Abb. 5.1 konstruieren. Durch den Grundriß der Deckplatte im Bild werden die Diagonalen gezogen und mittels zweier Spurpunkte 2 und 3 der Grundriß der Stützen gezeichnet. Die Höhenmaße entnimmt man dem Aufriß und bringt sie an eine Senkrechte h über einem Spurpunkt und von dort aus in den Bildraum.

Abb. 5.2. Unter Beachtung der Regel, daß die Schatten zu den schattenwerfenden Kanten stets dann parallel sind und einen gemeinsamen Fluchtpunkt haben, wenn die Schattenauffangebene parallel zur schattenwerfenden Kante ist, und daß die Schatten von senkrechten Kanten auf der Grundebene oder einer zu ihr parallelen Ebene in Richtung Lichtfußpunkt LF verlaufen, ist der Schatten, den das Architekturelement hervorbringt, zu konstruieren.

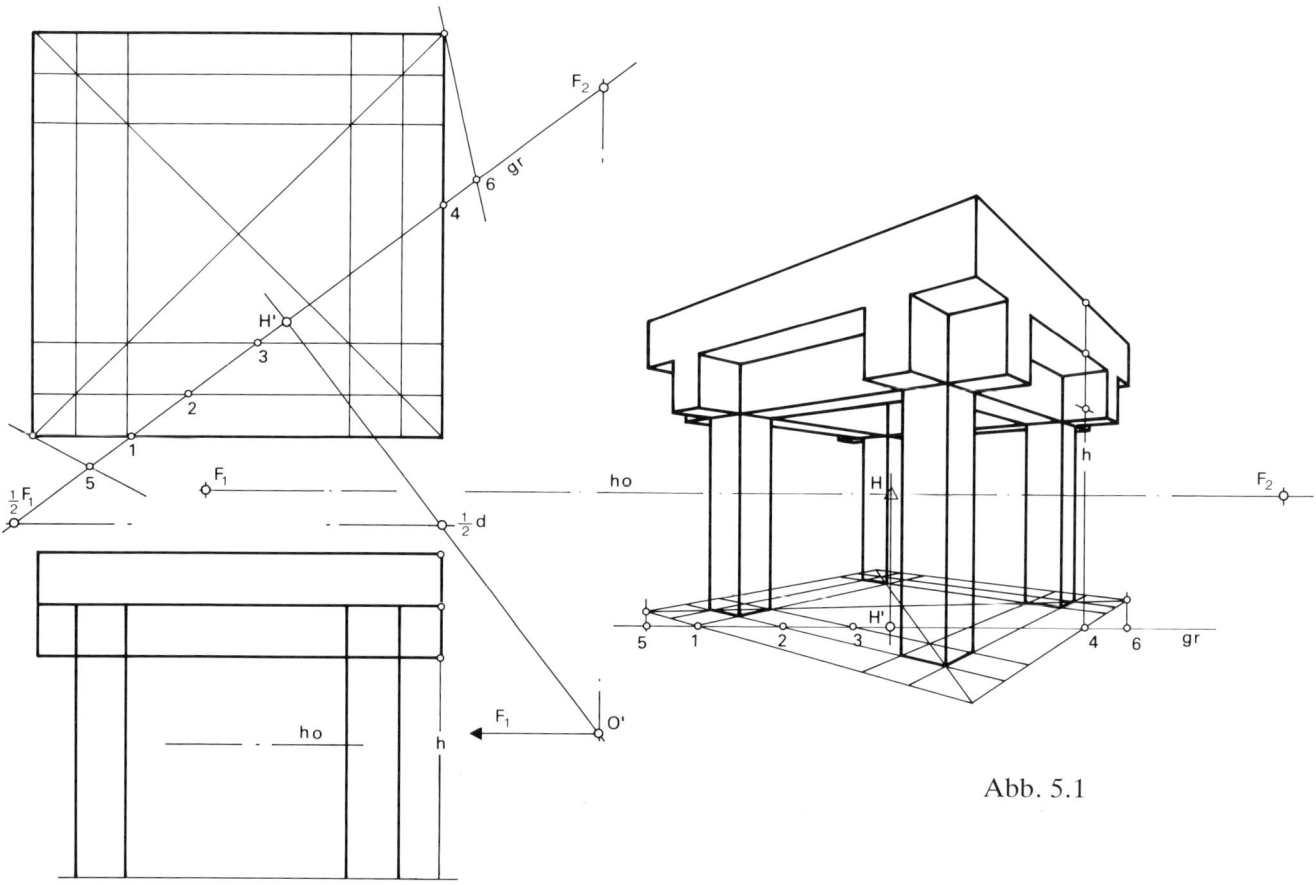

Abb. 5.1

39

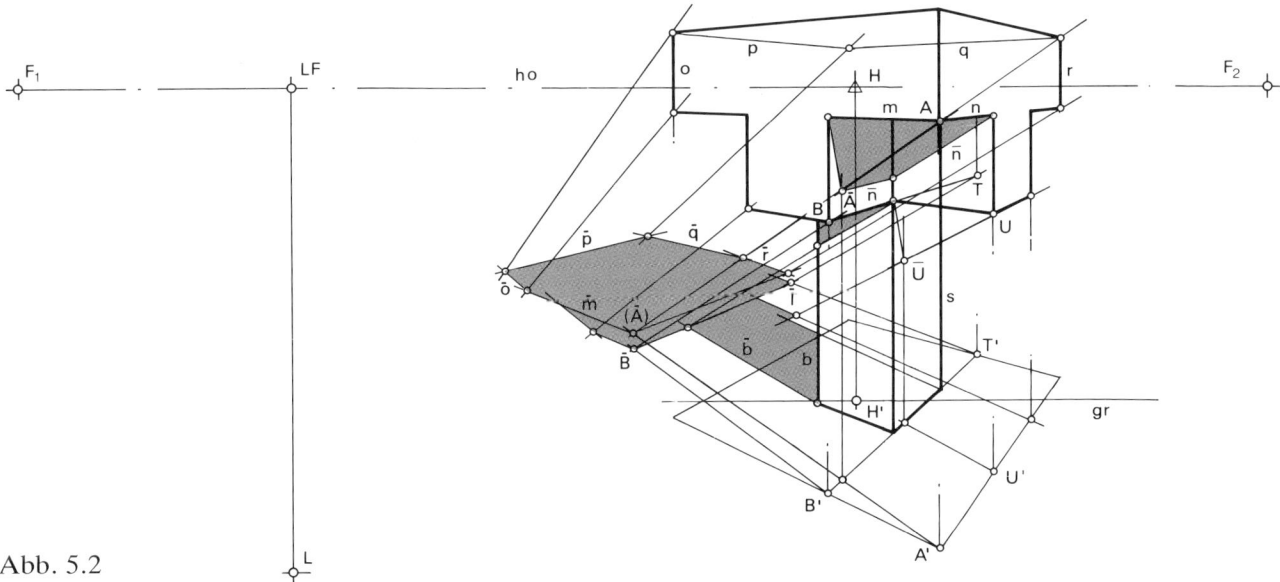

Abb. 5.2

Ein Lichtstrahl durch den schattenwerfenden Punkt U trifft in Ū die Spur einer in den Lichtstrahl gelegten senkrechten Hilfsebene. Ū ist der Schatten von U. Punkt A wirft nach Ā auf die senkrechte Fläche des Querträgers seinen Schatten, und die Schatten der schattenwerfenden Kanten m und n treffen sich dann in Ā. Zunächst konstruiert man auf die Grundebene die Schatten von den Kanten m, o, p, q und r der Deckplatte ohne Rücksicht darauf, daß die Schatten dieser Kanten ja nur zum Teil dorthin gelangen können. Der verlängerte Lichtstrahl durch A trifft in (Ā) die Grundebene, und dort beginnt der Polygonzug der Schattenlinien m̄, ō, p̄, q̄ und r̄. Lichtstrahlen durch die Eckpunkte B und T des Querbalkens erreichen in B̄ und T̄ die Grundebene. Der Schatten, der von der Deckplatte kommt, wird dann zum Teil überlagert vom Schatten des Querbalkens und der Stütze.

Die beiden Zeltdächer der Abb. 5.3 schneiden sich in den Kehllinien x und y, die im Grundriß nicht unmittelbar eingezeichnet werden können. Man bestimmt im Aufriß den Durchstoßpunkt A‴ der Fristlinie an der Dachschrägen, die mit der gestrichelten Linie in die Aufrißebene geklappt ist, und überträgt dann in den Grundriß den daraus gewonnenen Abstand z.

5.2 Teilung der Distanz

Hat man aus Platzgründen Schwierigkeiten, den Fluchtpunkt einer Hauptrichtung auf der Zeichenfläche zu ermitteln, teilt man die Distanz d, im vorliegenden Fall ⅓d. Der Parallelstrahl aus dem Teilungspunkt ⅓d schneidet aus gr eine Strecke H, ⅓F$_1$, die dann, mit dem Teilungsfaktor multipliziert, den Abstand des gesuchten Fluchtpunktes liefert.

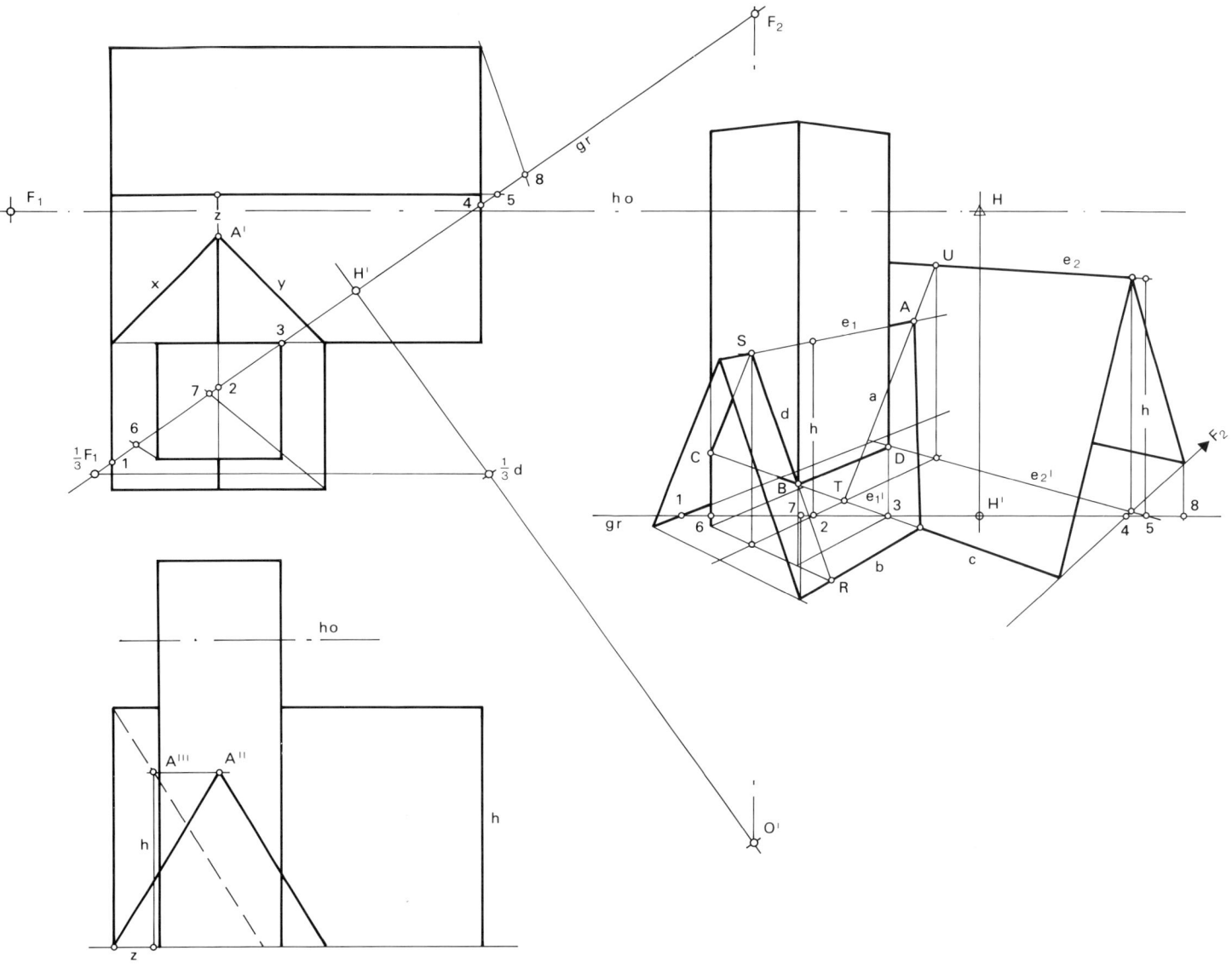

Abb. 5.3

Mit Hilfe der Spurpunkte 1, 2, 3, 4, 5 und der Durchstoßpunkte 6, 7, 8 von Projektionsstrahlen kann der Grundriß der beiden Dächer und der des Turmes im Bildteil gezeichnet werden. An den über den Spurpunkten 2 und 5 errichteten Senkrechten h ist jeweils die Höhe der Firstlinie abzutragen. Die Firstlinie e_1 durchstößt in A die Dachfläche. Man bestimmt diesen Punkt, indem man durch die Firstlinie e_1 eine Hilfsebene legt und deren Spur auf der Dachfläche verfolgt, sie schneidet dann e_1 in A. Gang der Konstruktion: Der Grundriß e_1' der Firstlinie schneidet in

T die Trauflinie c, und die über dem Schnitt mit e_2' errichtete Senkrechte trifft die Firstlinie e_2 in U. Die Verbindungslinie a von U mit T ist die Spur der Hilfsebene auf der Dachfläche. Die sichtbaren Turmkanten treten in B, C und D aus den Dachflächen. Auch hier ist eine Hilfsebene einzusetzen, die von der Trauflinie b in R und in S von der Firstlinie e_1 durchstoßen wird. Die Verbindungslinie d ist die Spur dieser Hilfsebene auf der Dachfläche, die auch die Austrittslinie der Turmfläche mit dem Punkt B enthält. Eine Linie aus B nach F_1 bestimmt C, und eine Linie in Richtung F_2 legt dann D fest.

41

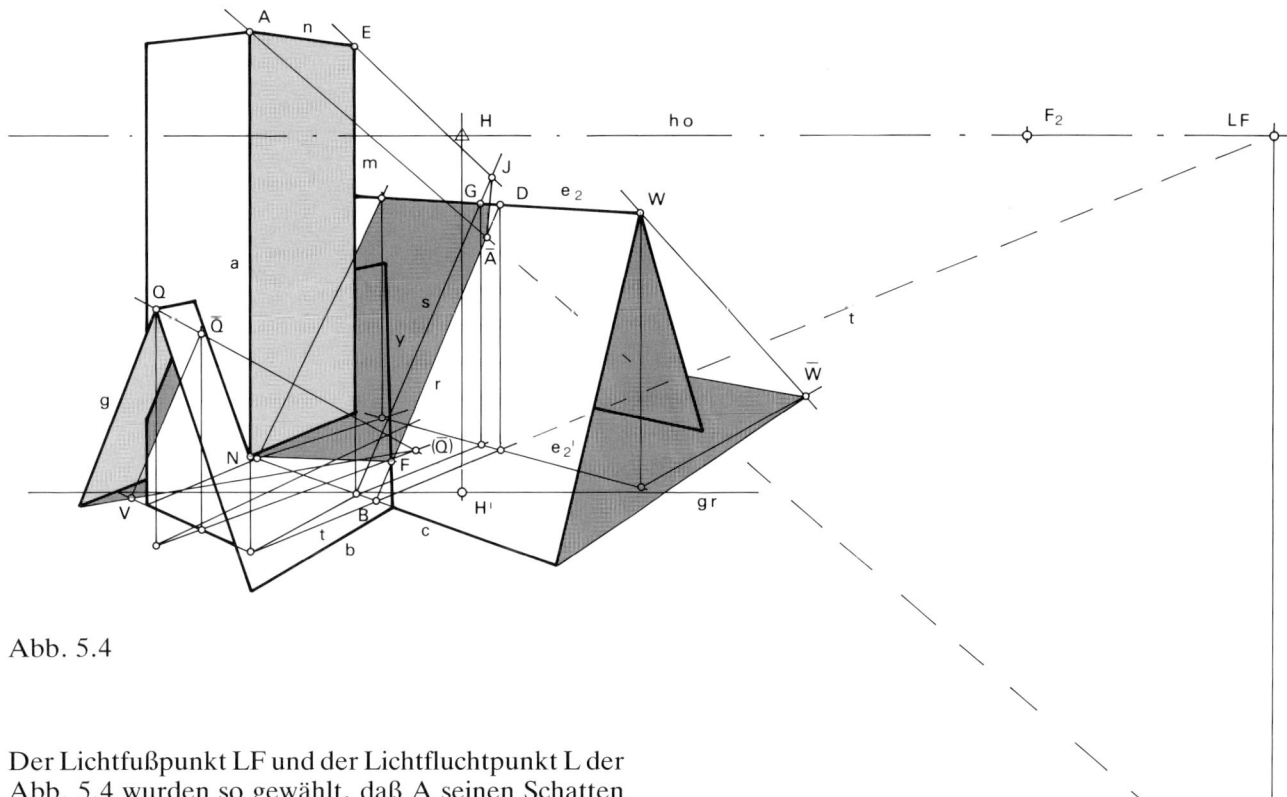

Abb. 5.4

Der Lichtfußpunkt LF und der Lichtfluchtpunkt L der Abb. 5.4 wurden so gewählt, daß A seinen Schatten auf die Dachfläche wirft. Durch die Turmkante a mit dem Eckpunkt A wird eine Hilfsebene beliebiger Richtung gelegt, sie schneidet die Grundebene in der Spur t, die verlängerte Trauflinie c in B, und die Senkrechte über ihrem Schnittpunkt mit e_2' trifft in D die Firstlinie e_2. Die Verbindungslinie B mit D ist die Spur r der Hilfsebene auf der Dachfläche. Ein Lichtstrahl durch A in geeigneter Richtung legt in $\bar{A}$ auf der Spur r den Schatten von A fest. Verlängert man die Spur t bis sie die Horizontlinie h o erreicht, so liegt dort der Lichtfußpunkt LF, und eine Senkrechte auf LF trifft den verlängerten Lichtstrahl im Lichtfluchtpunkt L. Mit LF und L hat man die Beleuchtung festgelegt. Wäre das Dach, aus dem der Turm tritt, nicht vorhanden, läge der Schatten, den die Kante a wirft, in der Spur t, bis er in B in seinem Verlauf von der Trauflinie c gebrochen wird und sich dann in r fortsetzt. Dort wird er aber von der Kehllinie y in F geschnitten. Der sichtbare Schatten, der von a kommt, beginnt im Austrittspunkt N und verläuft auf der Dachfläche nach F und setzt sich in r bis nach $\bar{A}$ fort. Um den Schatten der schattenwerfenden Kante n zu bestimmen, wird durch die senkrechte Turmkante m mit dem Eckpunkt E wieder eine Hilfsebene in Lichtrichtung gelegt. Die Senkrechte auf dem Schnittpunkt ihrer Grundebenespur mit e_2' schneidet die Firstlinie e_2 in G, durch den dann auch die Spur s der Hilfsebene auf der Dachfläche geführt werden muß. Die über das Dach hinaus verlängerte Spur s trifft den Lichtstrahl durch E in J. Der Schatten von n fällt von $\bar{A}$ nach J und wird von der Firstlinie e_2 begrenzt. Der

Schatten der nicht sichtbaren senkrechten Turmkante liegt wieder in der Spur einer Hilfsebene auf der Dachfläche.

Um festzustellen, ob eine Dachfläche vom Licht getroffen wird oder im Schatten liegt, ermittelt man den Schatten eines beliebigen Punktes dieser Dachfläche. Liegt der Schatten innerhalb ihrer Trauflinie, so wird die Dachfläche beschienen, fällt er über die Trauflinie hinaus, dann liegt die Dachfläche im Schatten. Der Schatten des Giebelpunktes Q des kleinen Daches wird auf der Grundebene seinen Schatten nach $(\bar{Q})$ werfen. Er liegt innerhalb der Trauflinie b, also empfängt die Dachfläche Licht. Der Schatten der Giebellinie g fällt auf die Grundebene in Richtung $(\bar{Q})$, setzt sich aber in seinem weiteren Verlauf auf der Turmfläche fort. Um diesen Verlauf zu ermitteln, erweitert man die Turmfläche, bis ihre Grundlinie in V den Schatten der Giebellinie schneidet. Der Giebelpunkt Q wirft aber seinen Schatten auf die Turmwand nach $\bar{Q}$. Die Verbindung V mit $\bar{Q}$ ist der Schatten, den die Giebellinie g auf die Turmfläche wirft, bis er von dessen Kante begrenzt wird. Der Giebelpunkt W hat seinen Schatten in $\bar{W}$, und der Schatten der Firstlinie e_2 läuft auf der Grundebene zu ihr parallel in Richtung F_1.

5.3 Meßpunkt einer Geraden

Abb. 5.5. Um eine Strecke maßgerecht von einer
Geraden an eine andere Gerade zu übertragen, dreht
man diese Strecke mit dem Zirkel, den Schnittpunkt
der beiden Geraden als Drehpunkt benutzend, an die
andere Gerade. Verbindet man den Endpunkt A der
Strecke mit dem Endpunkt A′ der eingedrehten
Strecke, so hat man mit dieser Drehsehne eine Richtung gewonnen, um weitere Streckenpunkte von der
einen an die andere Gerade zu übertragen. Ändert die
Gerade ihre Richtung, so ändert sich auch die Richtung der untereinander parallelen Drehsehnen – gestrichelte Linien. Aus dieser einfachen geometrischen
Tatsache erhält man ein Verfahren, Strecken maßgerecht, aber perspektiv richtig verzerrt, von der Grundlinie gr in den Bildraum zu übertragen.

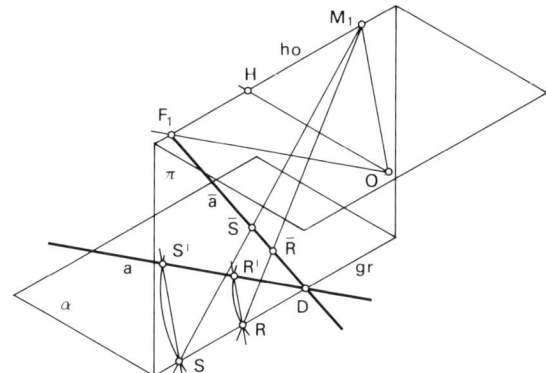

Abb. 5.6

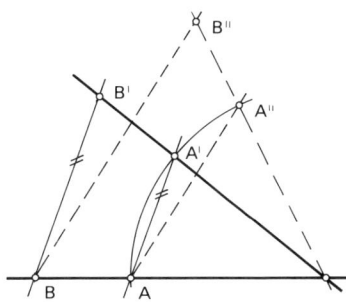

Abb. 5.5

In Abb. 5.7 liegen die Grundebene α mit der Geraden
a′, die Bildebene π mit dem Bild von a und die
Parallelebene zu α mit dem Projektionszentrum O in
einer gemeinsamen Ebene, um den geometrischen
Zusammenhang besser zu überblicken. Da O,F_1 parallel zu a′ und O,M_1 parallel zu R,R′ sind, wird das
Dreieck F_1M_1O gleichschenklig sein. Man gewinnt
dann den Fluchtpunkt M_1 der Drehsehnen, der als
Meßpunkt bezeichnet wird, indem man die Strecke
F_1O um F_1 als Drehpunkt an die Fluchtspur ho
eindreht.

Dieses Verfahren ist in Abb. 5.6 anschaulich dargestellt. Die Grundebene α schneidet in der Bildspur gr
die Bildebene π, und die Parallelebene zu α, die das
Projektionszentrum O enthält, bestimmt in ho die
Fluchtspur von α. In der Grundebene liegt eine
Gerade a, die in D ihren Spurpunkt hat, und ihr
Parallelstrahl aus O legt in F_1 auf der Fluchtspur ihren
Fluchtpunkt fest. Die Verbindung D mit F_1 ist das Bild
der Geraden a. Zwei Streckenabschnitte D,R und R,S
auf der Bildspur gr werden mit einem Zirkel, der in D
seinen Drehpunkt hat, maßgerecht an die Gerade a
gebracht. Der Parallelstrahl zu den Drehsehnen liefert im Schnitt mit der Fluchtspur ho in M_1 deren
Fluchtpunkt. Die beiden Streckenabschnitte D,R und
R,S auf gr können jetzt direkt mittels zweier Bildgeraden, die nach M_1 fluchten, an das Bild von a als D,R̄
und R̄,S̄ übertragen werden. Die Bildgeraden, die in
M_1 ihren Fluchtpunkt haben, sind die Bilder der
Drehsehnen. Der räumliche Vorgang des Eindrehens
einer Strecke, der sich in der Ebene α abspielt, ist
somit im Bildraum wiedergegeben. Wir haben jetzt
die Möglichkeit, Strecken maßgerecht und unmittelbar von der Bildspur in den Bildraum zu übernehmen.

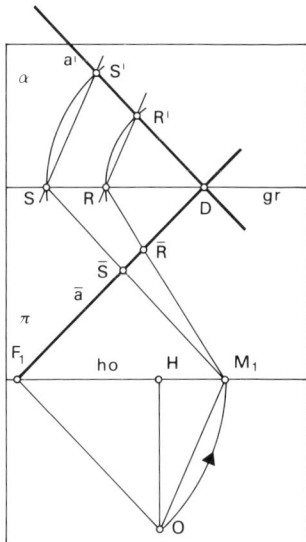

Abb. 5.7

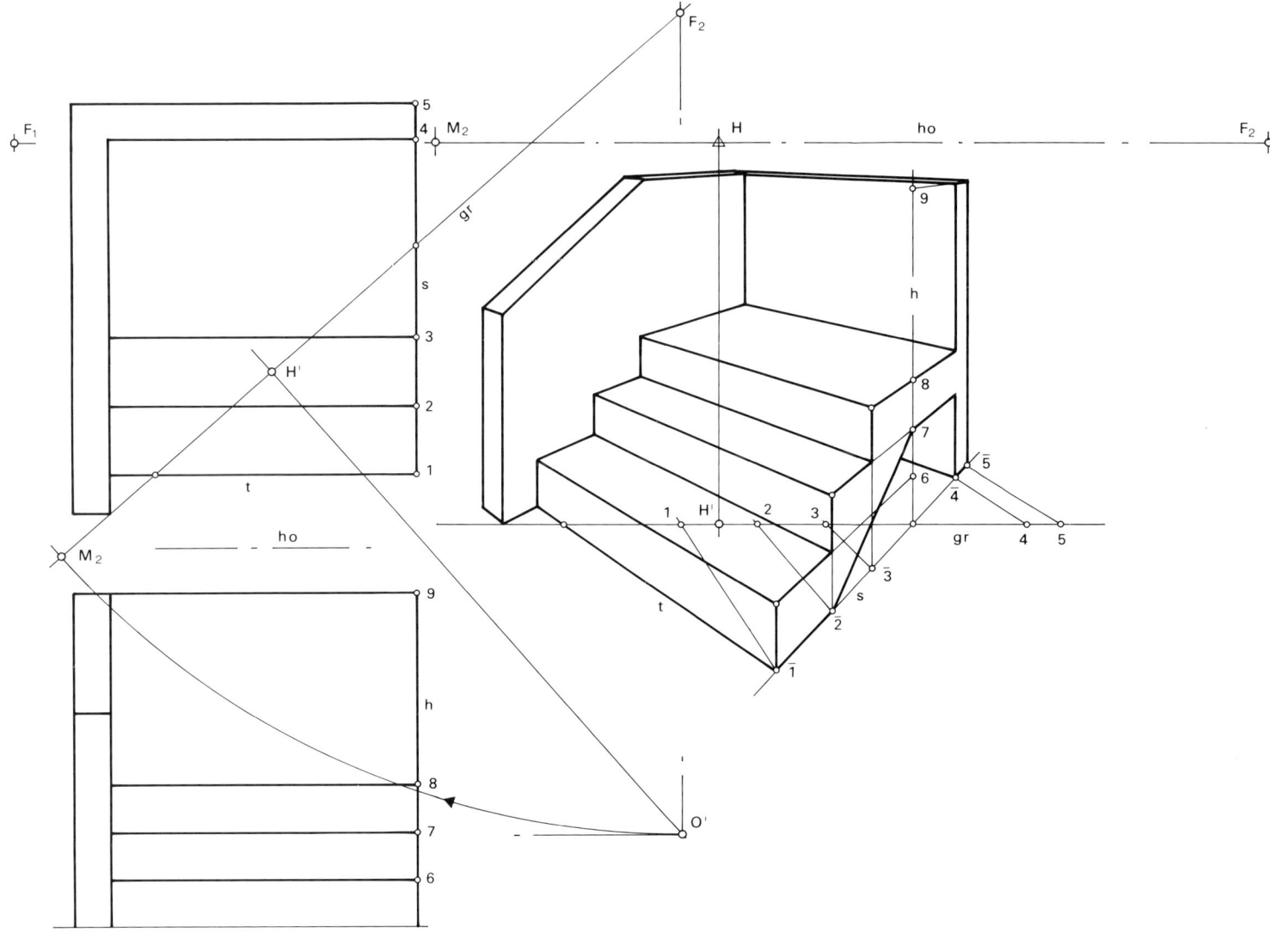

Abb. 5.8

Abb. 5.8. Um die Konstruktion des Bildes einer Treppe zu vereinfachen, wurde die im Vorhergehenden beschriebene Methode des Konstruierens mittels Meßpunkten eingesetzt. Den Meßpunkt M_2 der Geraden s, die auch die zu übertragenden Streckenabschnitte 1–5 enthält, gewinnt man, indem die Strecke F_2O' im Grundriß um F_2 als Drehpunkt in die Grundlinie gr eingedreht wird. M_2 ist der Meßpunkt aller Geraden, die in F_2 ihren Fluchtpunkt haben. Zunächst legt man im Bild mit Hilfe ihrer Spurpunkte die Geraden t und s fest. Sie schneiden sich im Eckpunkt $\bar{1}$. Eine Gerade in Richtung M_2 bringt diesen Eckpunkt als Punkt 1 an die Grundlinie gr. Zweckmäßigerweise nimmt man jetzt einen Papierstreifen und legt ihn mit seiner geraden Kante an die Linie s im Grundriß, markiert daran die Streckenabschnitte 1–5 und überträgt diese Maße, in 1 beginnend, an die Grundlinie gr ins Bild. Linien aus M_2 bringen dann

diese Strecken maßgerecht, jedoch perspektiv richtig verzerrt, an die Gerade s. Errichtet man auf dem Spurpunkt der Geraden s eine Senkrechte h, so liegt diese in der Bildebene, und es lassen sich an ihr alle Höhenmaße von 6–9 in wahrer Größe anlegen, die dann für die Konstruktion der Treppe mit ihrer Brüstung eingesetzt werden.

Der Lichtfußpunkt LF und der Lichtfluchtpunkt L von Abb. 5.9 sind frei gewählt. Der Eckpunkt E würde ungehindert seinen Schatten nach (Ē) auf die Grundebene werfen. Der Schlagschatten der schattenwerfenden Kante d wird jedoch von der Treppe in seinem Verlauf unterbrochen, steigt an der ersten Stufe senkrecht nach oben und nimmt dann auf der Trittfläche die Richtung nach LF. Das gleiche geschieht auf der zweiten Stufe.

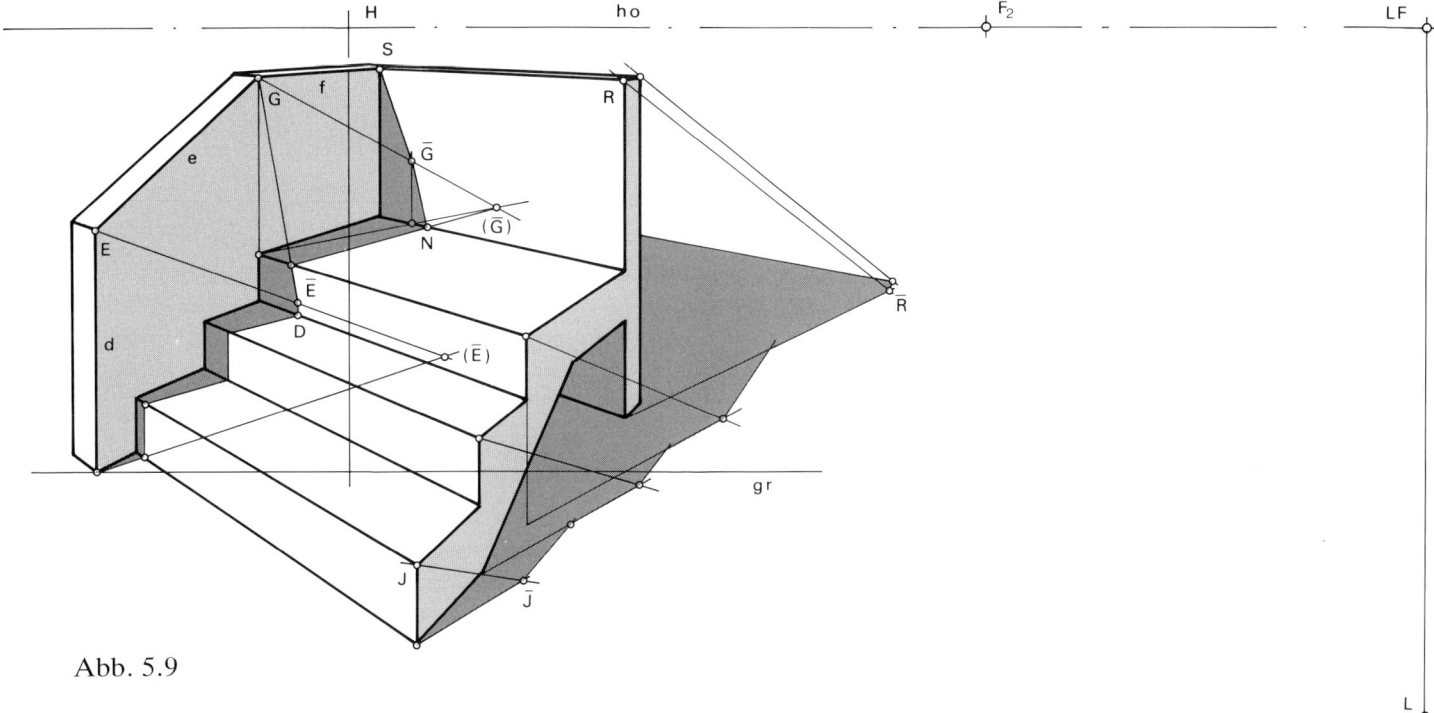

Abb. 5.9

Der Lichtstrahl durch den Eckpunkt E trifft die senkrechte Schattenlinie über D in $\bar{E}$, dort hat der Eckpunkt E seinen Schatten. Ab jetzt beginnt die schräg ansteigende Brüstungskante e ihren Schatten zu werfen. Setzt man die senkrechte Ebene der Stufe fort, so wird diese erweiterte Ebene in G von der Brüstungskante e durchstoßen, und dort begänne auch der Schatten, den e auf die erweiterte Ebene werfen würde, der dann nach E läuft und bis zur Oberkante der Stufe sichtbar wird. Der Schatten von G läge auf der Podestebene in ($\bar{G}$), also nimmt der Schatten von e seinen weiteren Verlauf auf der Podestebene in Richtung ($\bar{G}$) und wird in N von der senkrechten Brüstungsmauer gebrochen. G wirft seinen Schatten auf die Brüstungsmauer nach $\bar{G}$, und somit läuft der Schatten von N nach $\bar{G}$, um sich schließlich als Schatten der Brüstungskante f fortzusetzen, der dann im Eckpunkt S endet.

5.4 Perspektive Teilung von Strecken

Nicht immer hat man Strecken in ihrer wahren Größe ins Bild zu übertragen, sondern lediglich Streckenverhältnisse im Bild zu vervielfältigen. Ein Beispiel: Im Bildteil ist an einer Hausfassade der Fensterabstand und dessen Breite schon gegeben, und dieses Streckenverhältnis ist dann lediglich zu vervielfältigen. Man verfährt dann so wie Abb. 5.10 es zeigt. Die Gerade a ist das Bild der Unterkante einer Fassade, an ihr sind der Abstand m von Fenster zu Fenster und dessen Breite n angegeben. Dieses Streckenverhältnis wird mittels Geraden aus einem beliebig angenommenen Teilpunkt F_x auf ho aus dem Bildraum an die Grundlinie gr gebracht. Die auf gr erhaltenen Strecken m′ und n′, die jetzt nicht ihre wahre Größe haben, sondern lediglich in ihrem Verhältnis zueinander stimmen, werden auf gr vervielfältigt. Geraden in Richtung f_x bringen diese Strecken perspektiv richtig verändert an die Gerade a. Ist die Grundlinie gr aus Platzgründen zum Übertragen nicht mehr geeignet, nimmt man eine beliebige Gerade z parallel zu gr und überträgt an diese mittels Geraden aus einem beliebigen, jedoch günstigeren Teilpunkt F_y ein beliebiges Streckenverhältnis m, n der Geraden a. Linien in Richtung F_y bringen dann die auf z übernommenen Strecken an a.

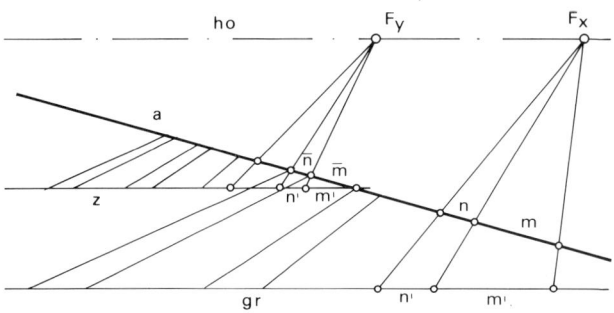

Abb. 5.10

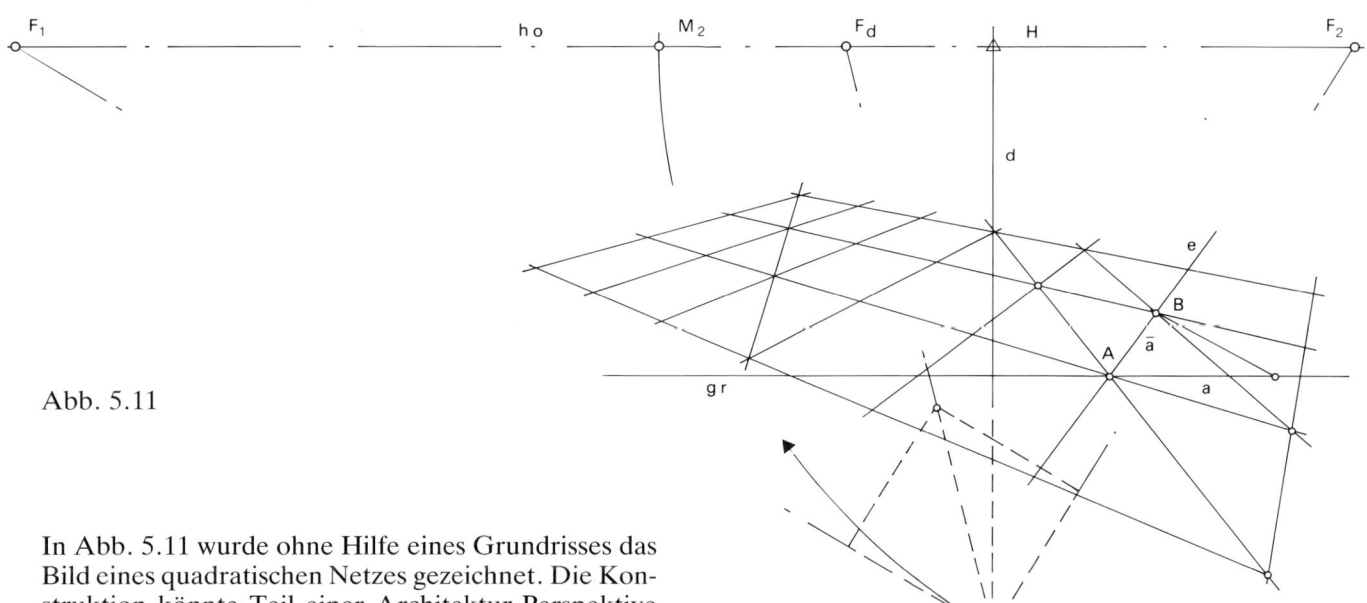

Abb. 5.11

In Abb. 5.11 wurde ohne Hilfe eines Grundrisses das Bild eines quadratischen Netzes gezeichnet. Die Konstruktion könnte Teil einer Architektur-Perspektive sein, um die Felder eines Plattenbelags einzuzeichnen. Gegeben sind auf der Horizontlinie ho der Hauptpunkt H und der Fluchtpunkt F_2. Bekannt ist die Distanz d, die Kantenlänge a der Quadrate, und ein Eckpunkt A des Netzes soll seine Lage auf der Grundlinie gr haben. Zunächst legt man um den Hauptpunkt H das Projektionszentrum O in die Bildebene. Dort erscheint dann die Distanz d in wahrer Länge. Die Gerade OF_2 ist der Parallelstrahl der einen Hauptrichtung, und im rechten Winkel dazu aus O bestimmt der Parallelstrahl in F_1 den Fluchtpunkt der anderen Hauptrichtung. Dreht man F_2O um F_2 als Drehpunkt in die Horizontlinie, so gewinnt man auf ihr den Meßpunkt M_2. Jetzt kann die Strecke a auf gr, die ja die wahre Kantenlänge der Quadrate hat, mit einer Linie, die nach M_2 strebt, an die Gerade e übertragen werden, die durch A geht und in F_2 ihren Fluchtpunkt hat. Man hat jetzt in ā die perspektiv verzerrte Strecke von a. Als nächsten Schritt zeichnet man zwischen beiden Parallelstrahlen ein beliebiges Quadrat – gestrichelte Linien – und zieht durch den gegenüberliegenden Eckpunkt von O die Diagonale, die dann in ihrer Verlängerung in F_d auf ho den Diagonalfluchtpunkt festlegt. Zwei Geraden durch die Endpunkte A und B der Strecke a nach F_1 schneiden zwei Diagonalen, die ebenfalls durch diese Punkte laufen in Punkten, durch die wiederum die Kanten des zu konstruierenden Netzes geführt werden. Durch geschickte Anwendung von Diagonallinien ist dann das Netz beliebig zu erweitern.

Abb. 5.12 zeigt eine Hilfskonstruktion, mittels derer im Bildraum die Strecke a einer Geraden e an ihr beliebig oft abgetragen werden kann. Die auf den Endpunkten A und B der Strecke a errichteten Senkrechten beliebiger Höhe werden durch eine Linie t in Richtung F_2 zu einem Rechteck geschlossen. Durch den Halbierungspunkt C der einen Senkrechten wird

die Diagonale geführt, die in ihrer Verlängerung auf der Geraden e die Strecke a verdoppelt. Dieses Verfahren wird dann beliebig oft wiederholt.

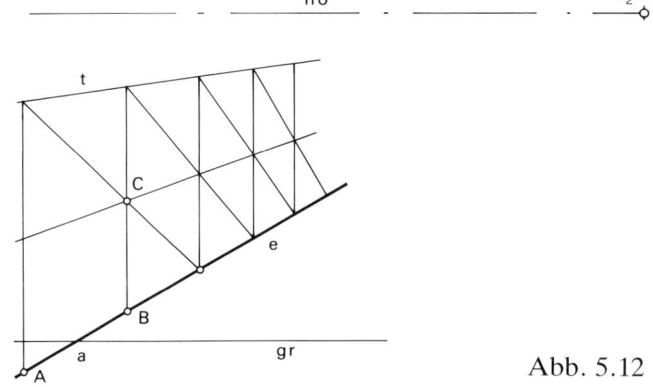

Abb. 5.12

5.5 Fluchtspuren schiefer Ebenen

Abb. 5.13. Zu konstruieren ist das Bild zweier rechtwinklig zueinander stehender Pultdächer, die von einem Schornstein in den Spuren K, J, L, M geschnitten werden. Den Punkt J der Durchdringungsspur gewinnt man mittels einer senkrechten Hilfsebene durch J in Richtung F_2 – gerastert hervorgehoben. Deren Spur auf der Dachfläche β schneidet dann die Schornsteinkante in ihrem Durchstoßpunkt J und die Kehllinie e der beiden Dachflächen in L. Die Austrittsspur J, K ist eine Gerade, die zur Giebellinie o parallel ist, das heißt im Bild haben beide Linien einen gemeinsamen Fluchtpunkt. Errichtet man über dem Fluchtpunkt F_1, das ist der Fluchtpunkt der Fußlinie o′

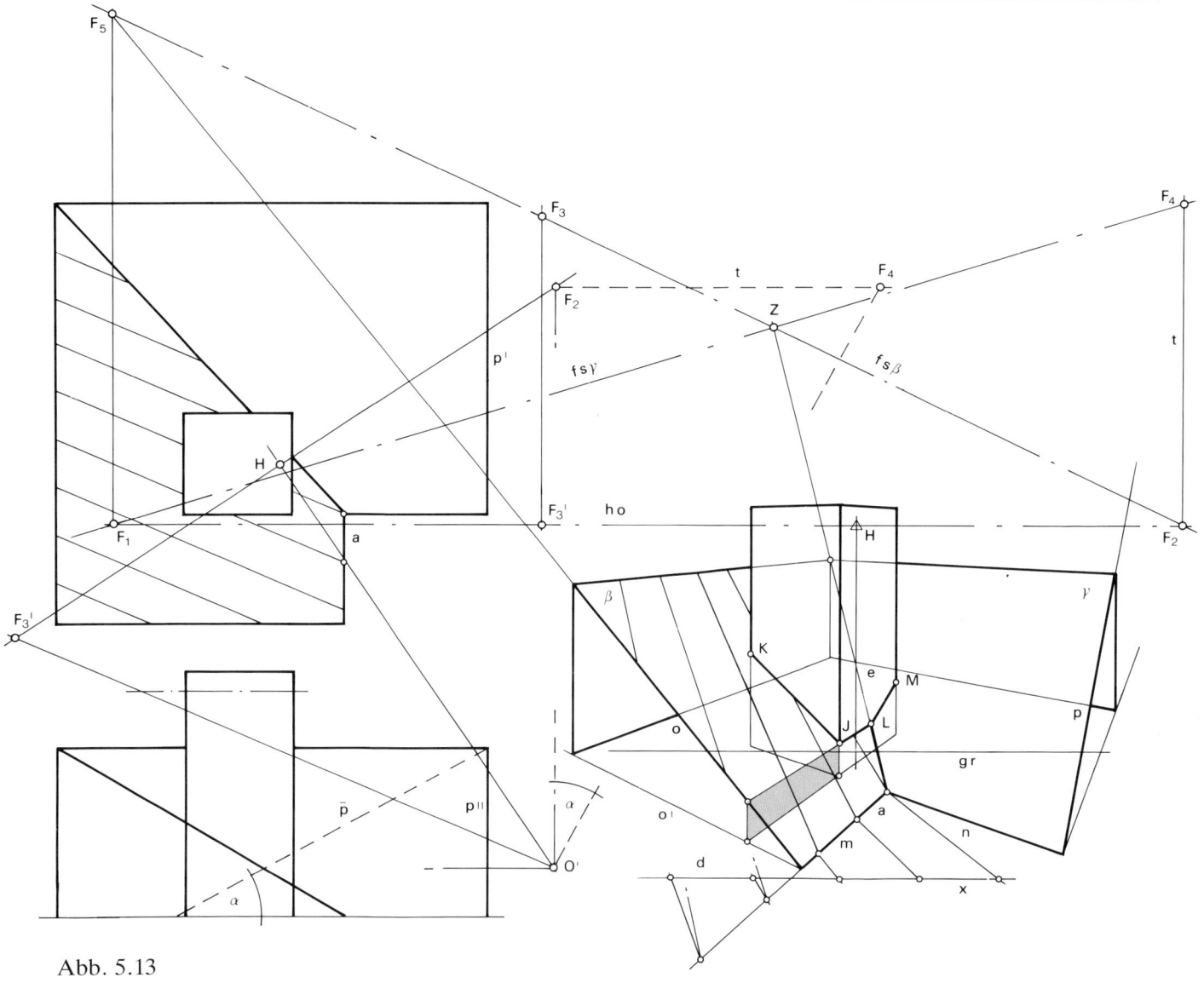

Abb. 5.13

von o, eine Senkrechte, so wird diese in F_5 von der verlängerten Giebellinie o geschnitten. F_5 ist der Fluchtpunkt aller ansteigenden Geraden, die zu o parallel sind, also auch zu der Geraden durch J, die in K die Schornsteinkante schneidet. Der weitere Verlauf des Polygonzugs von L nach M ist zur Giebellinie p parallel und zielt nach deren Fluchtpunkt F_4. Dieser wäre auch hier erhältlich als Schnitt der verlängerten Geraden p mit der Senkrechten t auf F_2. Ein anderer Weg, F_4 zu erhalten, ist die Konstruktion im Grund- und Aufriß. Dreht man die Giebellinie p″ als p̄ in die Aufrißebene, dann gewinnt man in ihr als ansteigende Gerade den wahren Winkel α, den sie mit der Grundebene bildet. Legt man diesen Winkel α im Grundriß aus O′ an den Parallelstrahl, der nach F_2 führt, so schneidet dessen verlängerter Schenkel die Senkrechte auf F_2 in F_4, und man erhält die Strecke t, die dann im Bild an einer Senkrechten über F_2 abgetragen wird.

Hat man eine Schar paralleler Linien auf der Dachfläche β zu zeichnen – es könnten Begrenzungslinien eines Dachbelages sein – so ist der Fluchtpunkt dieser Parallelenschar ein Punkt der Fluchtspur der Ebene β, in der auch die Dachfläche liegt. Eine Gerade wird festgelegt von zwei Punkten. Die Giebellinie o und die Trauflinie m sind Geraden dieser Ebenen und deren Fluchtpunkte sind F_5 und F_2. Die Fluchtspur fs β läuft also durch diese beiden Fluchtpunkte und alle Geraden, die in dieser Ebene liegen oder zu ihr parallel sind, haben dort ihre Fluchtpunkte. Ein Parallelstrahl zu der Geradenschar aus O′ im Grundriß schneidet in $F_3′$ die Bildspur. Die Senkrechte zu ho durch $F_3′$ im Bild trifft in F_3 die Fluchtspur fsβ. Die Strecke a an der Trauflinie m im Grundriß ist der Abstand, den die Parallelen voneinander haben. Diese Strecke a wird im Bild festgelegt, und mittels zweier Geraden, die nach $F_3′$ fluchten, wird a an eine beliebige, jedoch zu

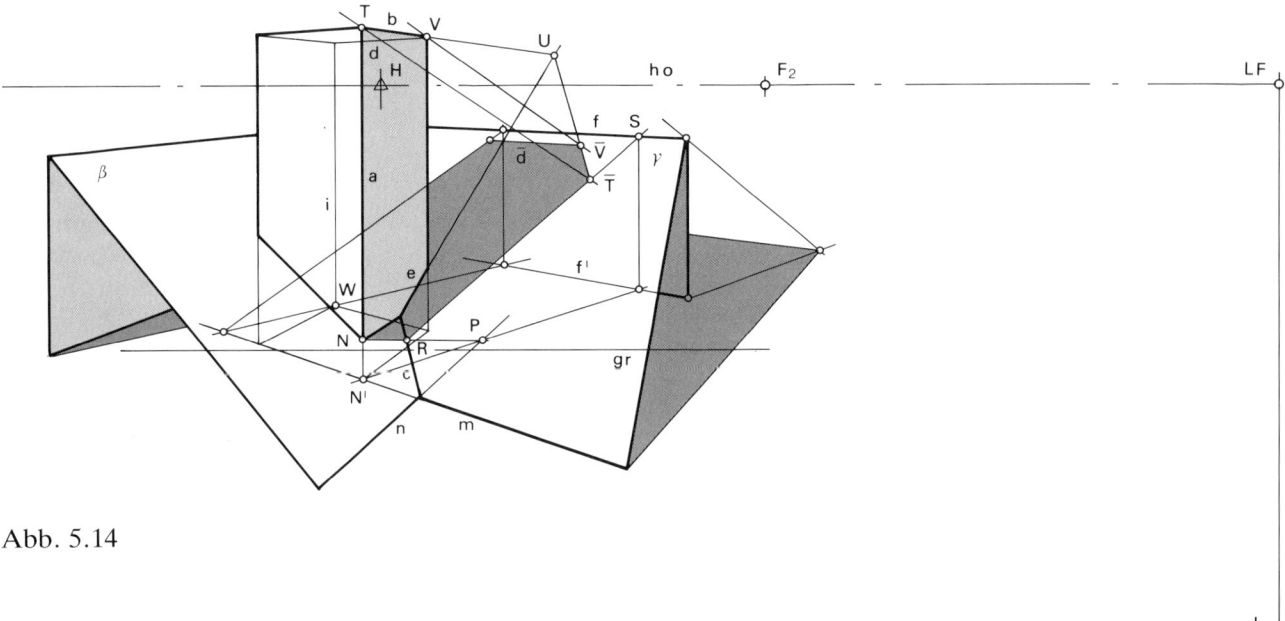

Abb. 5.14

gr parallele Hilfsgerade d übertragen als Strecke x. Nach Vervielfältigung von x an d sind diese Streckenabschnitte wieder in Richtung F_3' an das Bild m der Trauflinie zu bringen, und von dort wird die ansteigende Geradenschar, die ihren Fluchtpunkt in F_3 hat, auf die Dachfläche gelegt. Die Verbindungsgerade von F_1 und F_4, den Fluchtpunkten der Giebellinie p bzw. der Trauflinie n, ist die Fluchtspur fsγ der Ebene γ. Die Kehllinie e, als gemeinsame Linie beider Dachflächen, trifft in ihrer Verlängerung den Schnittpunkt Z der beiden Fluchtspuren fsβ und fsγ als ihren Fluchtpunkt.

Abb. 5.14 zeigt die Konstruktion des Schattens, der von einem Schornstein kommt und auf zwei sich schneidende Dachflächen fällt. Der Lichtfußpunkt LF und der Lichtfluchtpunkt L sind frei gewählt.

Beginnt man mit der schattenwerfenden Schornsteinkante a, so liegt in den Spuren einer durch a gelegten Hilfsebene in Lichtrichtung auf den beiden Dachflächen der Schatten von a. In P schneidet die Grundebenespur der Hilfsebene die verlängerte Trauflinie n der Dachfläche β. In N durchstößt die Kante a die Dachfläche, von dort beginnt der Schatten und strebt nach P, bis er in R die Kehllinie c erreicht. Er setzt sich dann in der Spur der Hilfsebene auf der Dachfläche γ fort, bis er in $\bar{T}$ von einem Lichtstrahl, der durch den Eckpunkt T geht, getroffen wird. Die Grundebenespur der Hilfsebene schneidet auch die Fußlinie f' der Giebellinie f. Die dort errichtete Senkrechte schneidet f in S. Die Verbindungslinie N' mit S ist die Spur der Hilfsebene auf der Dachfläche γ. Erweitert man die Schornsteinfläche, die die schattenwerfende Kante b enthält und die Dachfläche γ, so hat man lediglich die Austrittslinie e zu verlängern, die dann in U die verlängerte Kante b schneidet. Der Schatten, den die Kante b auf das Dach wirft, beginnt in $\bar{T}$ und strebt

nach U, bis er in $\bar{V}$ von einem Lichtstrahl, der durch den Eckpunkt V geht, getroffen wird. Die nicht mehr sichtbare, aber schattenwerfende Kante d ist parallel zur Schattenauffangfläche, dem Dach, also läuft auch der Schatten zu ihr parallel und strebt nach F_1, dem gemeinsamen Fluchtpunkt, um sich dann mit der Schattenlinie zu treffen, die von der Kante i geworfen wird. Sie liegt wieder in der Spur einer Hilfsebene durch i in Lichtrichtung auf der Dachfläche.

5.6 Feststellung, ob eine schräge Ebene von Licht getroffen wird oder im Schatten liegt

Unter Umständen kann es zweifelhaft erscheinen, ob eine Dachfläche vom Licht getroffen wird oder im Schatten liegt. Will man feststellen, ob die Dachfläche von der Sonne beschienen wird, dann hat man den Schatten eines beliebigen Punktes dieser Fläche zu bestimmen; liegt er innerhalb der Trauflinie, dann empfängt die Dachfläche Licht, liegt er auf der Trauflinie, so wird die Fläche vom Licht gestreift, und fällt er außerhalb der Dachfläche, so liegt sie im Schatten. In Abb. 5.15a wirft der Giebelpunkt A seinen Schatten $\bar{A}$ innerhalb der verlängerten Trauflinie t, in b fällt der Schatten von A auf die Trauflinie t, und in c liegt er außerhalb von t.

Abb. 5.16 zeigt in einer anschaulichen Skizze die Ermittlung von Flucht- und Bildspur einer Ebene beliebiger Lage. Eine Ebene wird bestimmt von zwei sich schneidenden oder zueinander parallelen Geraden, auch von drei Punkten, die nicht in einer Geraden liegen. Gegeben sind zwei sich schneidende Geraden a und b, die auf einer Bildebene π als a' und b' abgebildet werden. In Da und Db durchstoßen sie die Bildebene, und die Verbindungslinie ist die Bildspur s

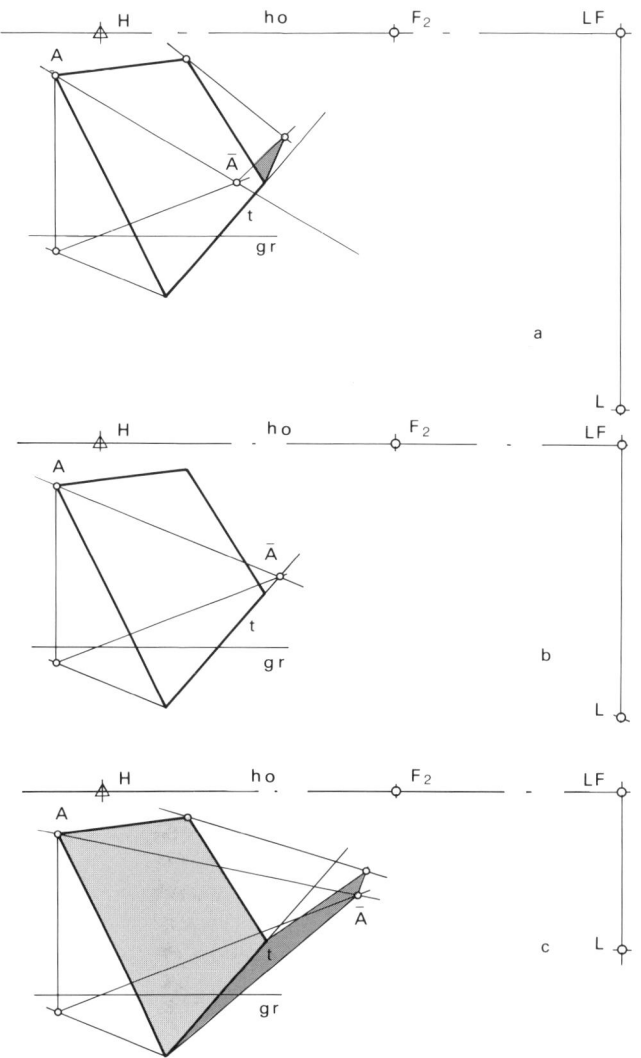

Abb. 5.15

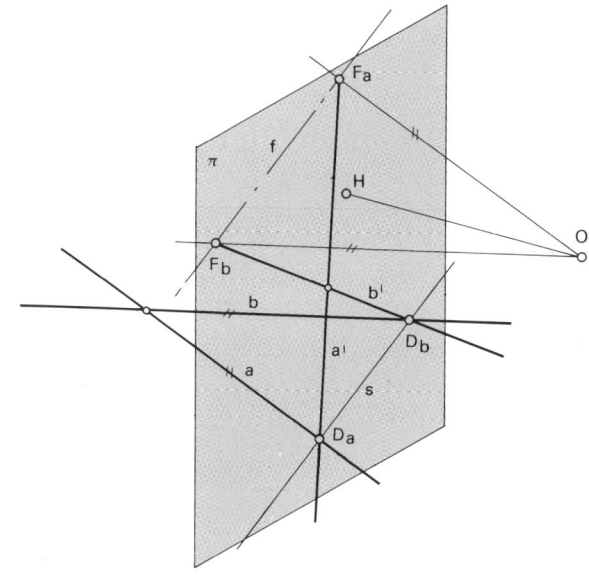

Abb. 5.16

der von a und b aufgespannten Ebene. Die Parallelstrahlen aus O zu diesen Geraden bestimmen auf der Bildebene ihre Fluchtpunkte Fb und Fa, durch die dann auch die Fluchtspur f geführt werden muß. Fluchtspur und Bildspur einer Ebene sind stets zueinander parallel. Daraus läßt sich auch ableiten: Ist die Fluchtspur oder die Bildspur einer Ebene bekannt und der Spurpunkt bzw. der Fluchtpunkt einer Geraden dieser Ebene, so läßt sich die Bildspur bzw. die Fluchtspur unmittelbar als Parallele zur Bild- oder Fluchtspur bestimmen.

5.7 Anwendungsbeispiele

Anwendungsbeispiel

Für die Konstruktion der Perspektive der vorliegenden Halle der Abb. 5.17 sind aus Grund- und Aufriß lediglich die Maße entnommen worden, die dann mittels zweier Meßpunkte der beiden Hauptrichtungen in den Bildraum übertragen wurden. Das Konstruieren mit Meßpunkten erleichtert das Zeichnen von Perspektiven wesentlich, man kommt mit weniger Hilfslinien aus und der Platzbedarf ist geringer. Im Grundriß wird man die Ansicht festlegen, weil dort sofort zu sehen ist, was in der Perspektive sichtbar und was verdeckt sein wird.

Mit der Lage der Bildspur s_1 der Grundebene legen wir wieder die Bildgröße fest und für die Konstruktion des Achteck-Rings zeichnen wir die Bildspur s_2 in der Höhe der Ebene, in der die unteren Kanten des Achteck-Rings liegen. Der Abstand s_1, s_2 ist die wahre Höhe, die aus dem Aufriß direkt entnommen werden kann. Durch den Spurpunkt D wird die Achse e gezogen, an die dann die Strecken mittels der Meßpunkte übertragen werden, um schließlich die Eckpunkte des Ringes zu erhalten.

49

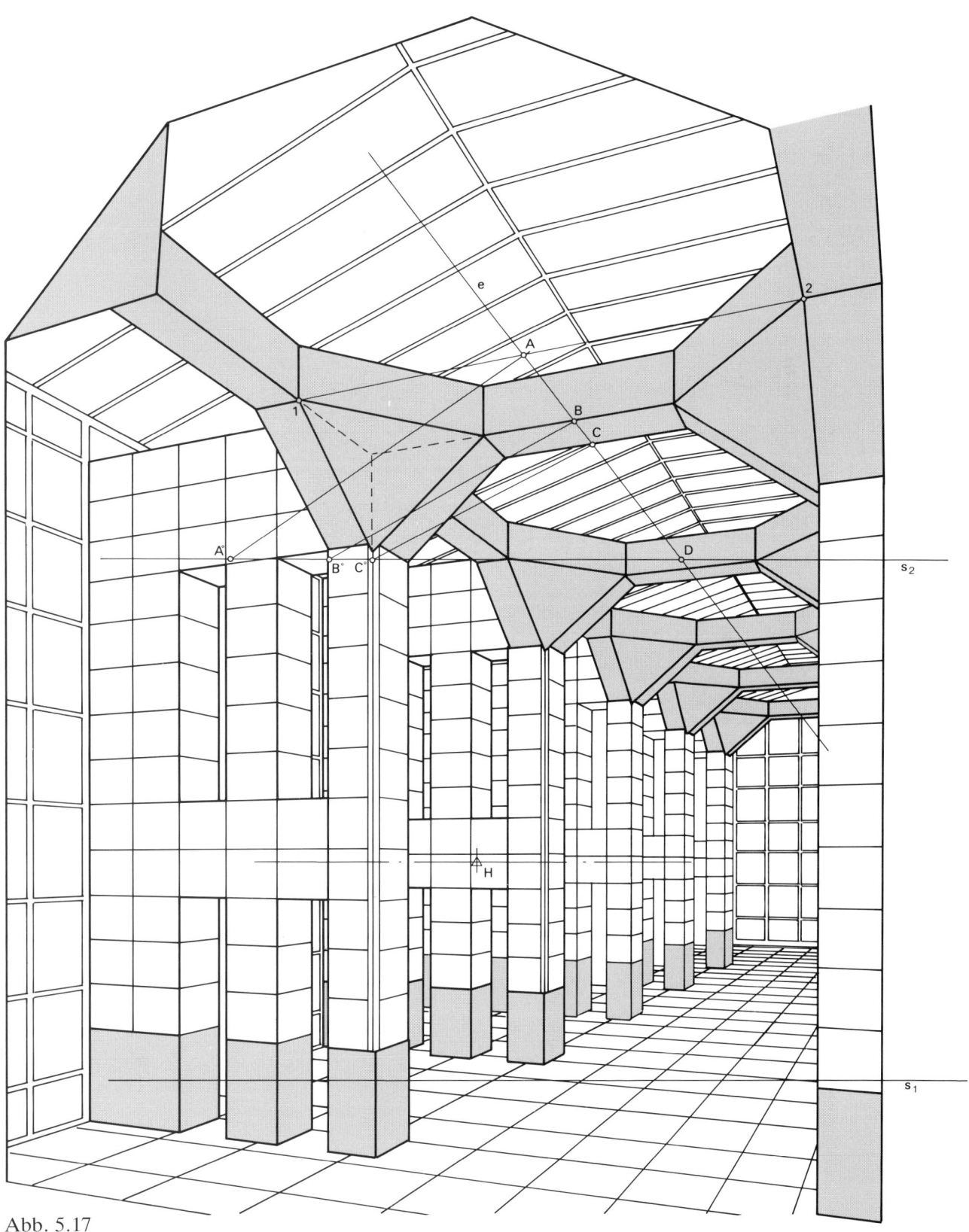

Abb. 5.17

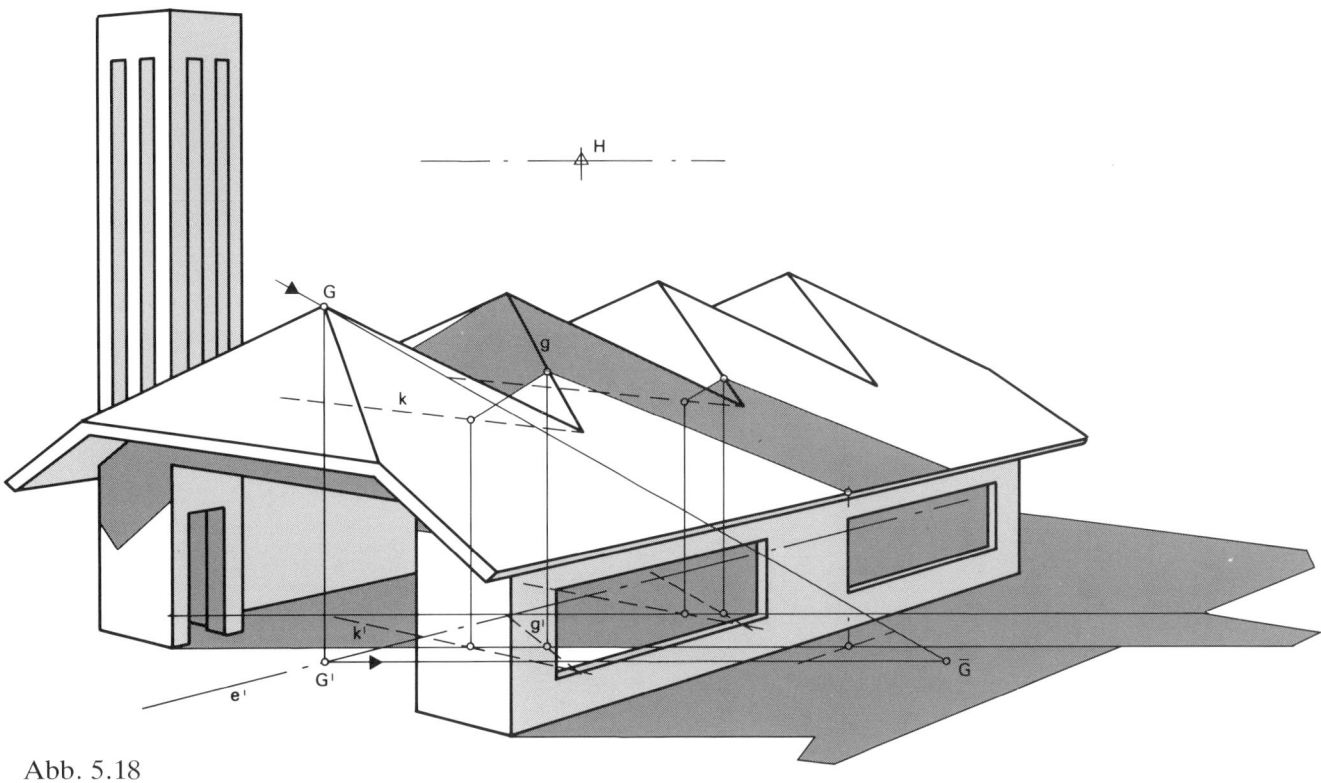

Abb. 5.18

Anwendungsbeispiel

Die Konstruktion der Perspektive des gefalteten Daches der Feuerwehrhalle läßt sich vereinfachen, wenn
wir zunächst ein Satteldach zeichnen und in der
Grundebene auf der Achse e′ die Giebelpunkte G′
bestimmen und diese dann senkrecht hochführen. Die
Grat- und Kehllinien g bzw. k lassen sich dann sofort
festlegen.

Der Schlagschatten, den der Turm über das Dach
wirft, ist mittels Hilfsebenen zu finden, die wir in
Lichtrichtung durch die schattenwerfenden Turmkanten legen. Eine solche Hilfsebene schneidet auf der
Grundebene die Fußlinien g′ und k′ der Grat- bzw.
Kehllinie. Die hochgeloteten Schnittpunkte sind
Punkte, durch die dann der Schatten verlaufen muß,
den die schattenwerfende Turmkante wirft, durch die
wir die Hilfsebene gelegt haben.

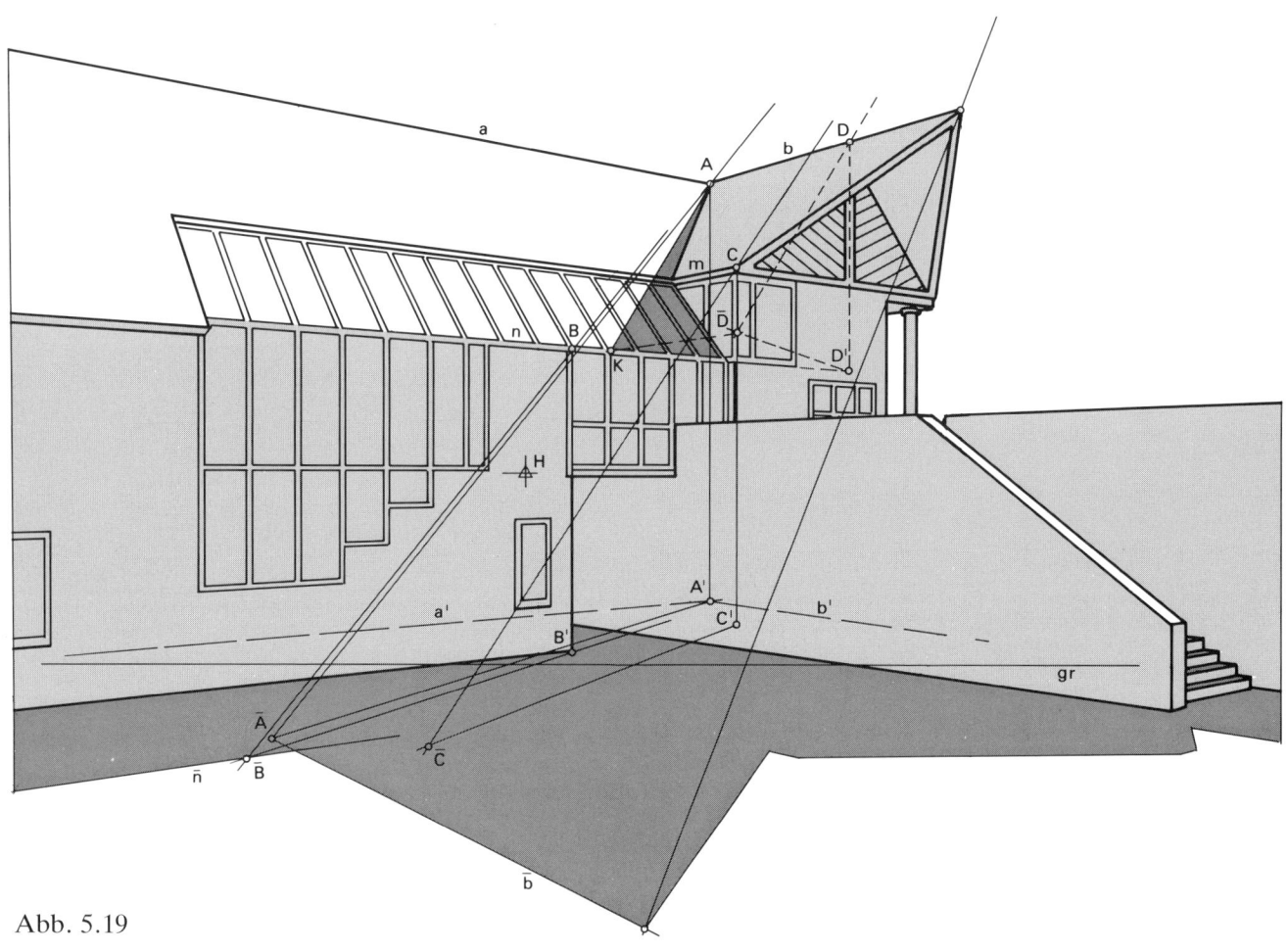

Abb. 5.19

Anwendungsbeispiel

Bei der vorgegebenen Beleuchtung haben wir festzustellen, ob die Dachflächen Licht erhalten oder ob sie
im Schatten liegen. Punkt A, der seinen Schatten nach
Ā wirft, ist ein gemeinsamer Punkt der Firstlinien a
und b beider Dachflächen. Ein beliebiger Punkt C der
Trauflinie m hat seinen Schatten in Č. Der Schatten
der Firstlinie b liegt in b̄, er läuft durch Ā und liegt
außerhalb von Č, also wird die Dachfläche mit der
Firstlinie b im Schatten liegen. Ein beliebiger Punkt B
der Trauflinie n wirft seinen Schatten nach B̄. Der
Schatten der Trauflinie n, der durch B̄ läuft, liegt jetzt
außerhalb von Ā, und die Dachfläche mit der Firstlinie a erhält Licht.

Den Schlagschatten, den das von der Sonne beschie-
nene Dach von der schattenwerfenden Dachfläche
erhält, finden wir durch folgende Überlegung: Wir
bestimmen den Schatten, den ein beliebiger Punkt D
der schattenwerfenden Firstlinie b auf eine Ebene in
Höhe der Trauflinie n wirft. Durch den Schattenpunkt
D̄ läuft dann der fiktive Schatten der Firstlinie b, der
in K die Trauflinie n schneidet. Der Schatten, den die
Firstlinie b auf die Dachfläche wirft, beginnt in A und
läuft nach K.

Anwendungsbeispiel

Die waagerechten Kanten der beiden mittleren Bauten fluchten nach F_1 und F_2. Der linke Bau hat eine zur Bildebene frontale Lage, die zur Bildebene parallele Kanten haben keinen Fluchtpunkt, und die zur Bildebene senkrechten Kanten fluchten in den Hauptpunkt H. Die beiden Hauptrichtungen des rechts

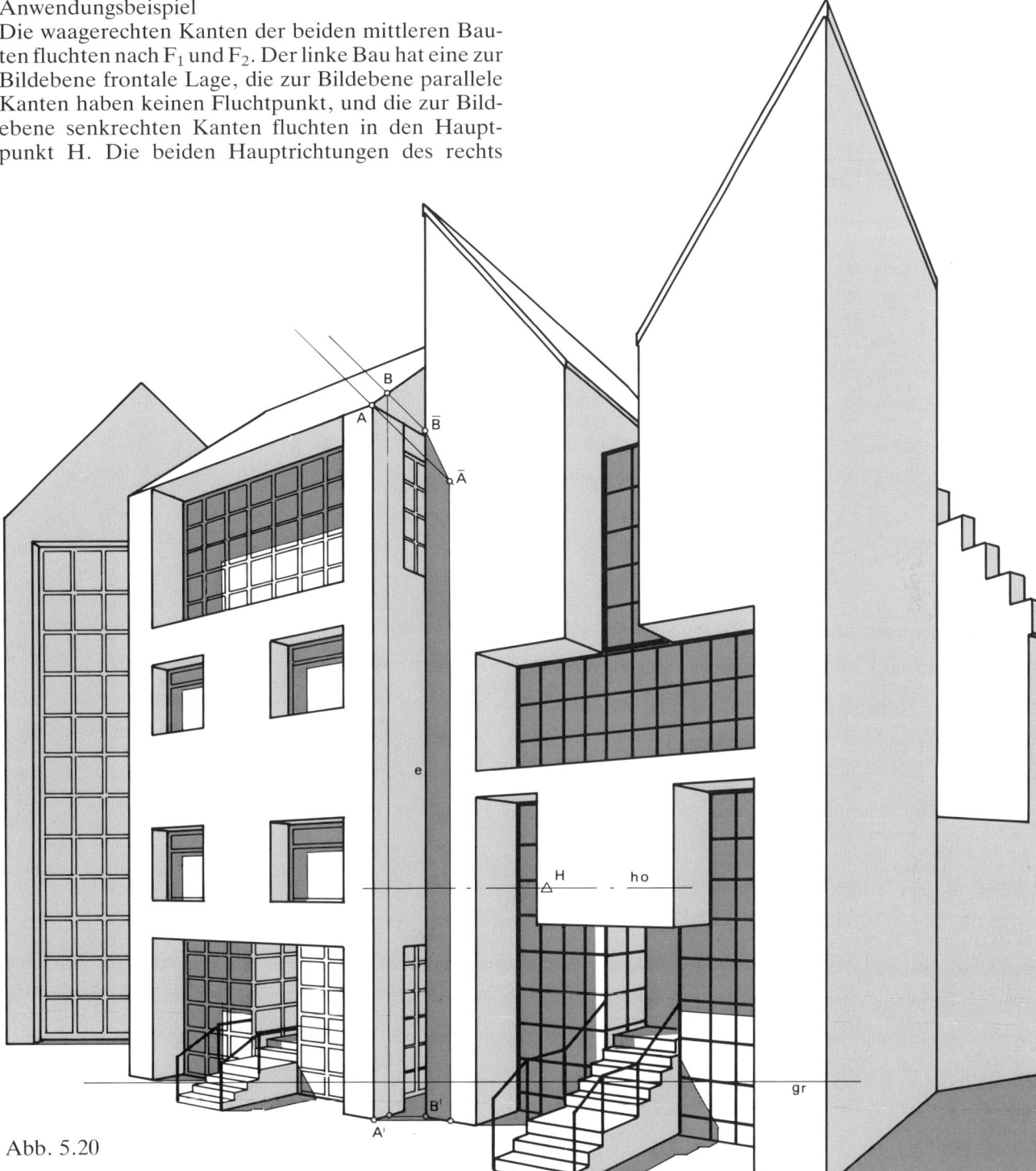

Abb. 5.20

dahinter liegenden Baus haben wieder eigene Fluchtpunkte. Wir erhalten somit 5 Fluchtpunkte, die wir zweckmäßigerweise im Grundriß bei geteilter Distanz ermitteln.

Bei vorliegender Beleuchtung sind die Lichtstrahlen zur Bildebene parallel und somit auch zu ihren Bildern. Punkt A wirft seinen Schatten nach $\bar{A}$. Wollen

wir feststellen, welcher Punkt der schattenwerfenden Hauswand seinen Schatten auf die Gebäudekante e wirft, so schließen wir rückwärts und ziehen durch den Fußpunkt B′ der Kante e die Spur einer zur Bildebene parallelen Hilfsebene, die wir durch e legen. Deren Spur auf der schattenwerfenden Hauswand bestimmt in B den Punkt, der in $\bar{B}$ seinen Schatten hat.

6 Perspektive Darstellung von Kurven

Faßt man zusammen, so erhält man als Ergebnis: Jeder Punkt des Raumes besitzt als perspektives Bild einen bestimmten Punkt der Bildebene mit Ausnahme der Fluchtpunkte, als Bildpunkte uneigentlicher, das heißt unendlich fern liegender Raumpunkte. Das Bild einer Geraden ist wieder eine Gerade, und jede Figur hat somit ein eindeutig bestimmbares perspektives Bild, wobei jeder Punkt der Figur mit seinem Bildpunkt durch einen Projektionsstrahl verbunden ist, mit Ausnahme der Punkte, die in der Verschwindungsebene liegen.

Abb. 6.1. In einer anschaulichen Darstellung sind zwei Geraden wiedergegeben, die sich in V auf der Verschwindungsspur v schneiden. Richtet man auf V einen Projektionsstrahl, so ist er zur Bildebene parallel und erreicht diese nie. Der gemeinsame Punkt beider Geraden a und b ist auf der Bildebene nicht darstellbar, und die Folge davon ist, die Bilder von sich schneidenden Geraden, die ihren Schnittpunkt in der Verschwindungsebene δ haben, sind untereinander parallel.

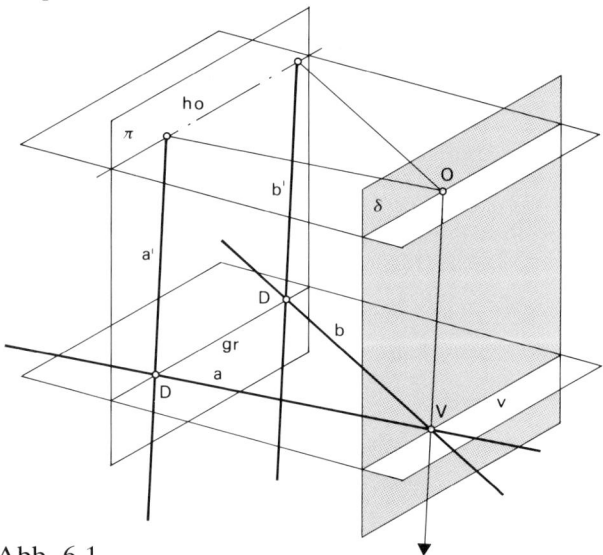

Abb. 6.1

6.1 Kreisbilder

Nimmt man statt einer Geraden einen Kreis, der in seiner Lage die Verschwindungsebene δ weder berührt noch schneidet, so gilt auch hier: Jeder Kreispunkt und sein Bild liegen auf ein und demselben Projektionsstrahl. Da ein Kreis der Ort aller in einer Ebene liegenden Punkte ist, die von einem festen Punkt, dem Kreismittelpunkt, den gleichen Abstand haben, ist sein Bild eine geschlossene Kurve. Faßt man alle auf den Kreis gerichteten Projektionsstrahlen zusammen, so bilden sie einen Strahlenkegel mit

dem Kreis als Basis und dem Projektionszentrum O als Spitze. Das Bild k' des Kreises k ist dann der Schnitt der Bildebene π mit diesem Strahlenkegel, Abb. 6.2.

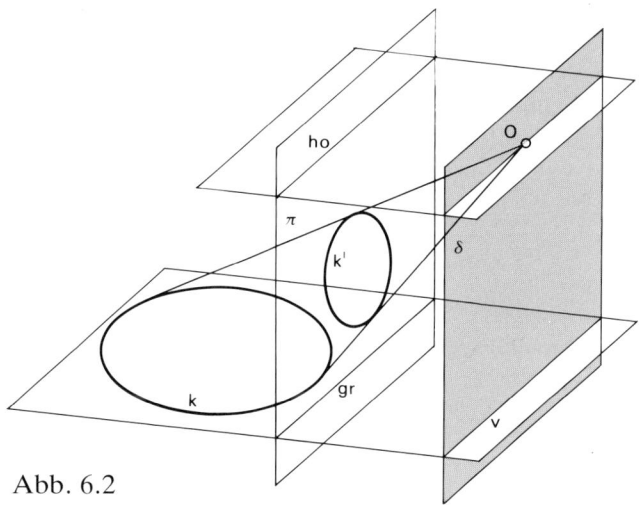

Abb. 6.2

Berührt der Kreis k in Abb. 6.3 in einem Punkt V die Verschwindungsspur v, ist sein perspektives Bild eine Kurve mit einem unendlich fernen Punkt auf der Bildebene, denn ein Projektionsstrahl durch den Berührungspunkt V ist zur Bildebene parallel und erreicht diese nie. Diese Bildkurve nennt man Parabel, und sie nimmt in ihrem Verlauf immer mehr die Eigenschaft von Parallelen an.

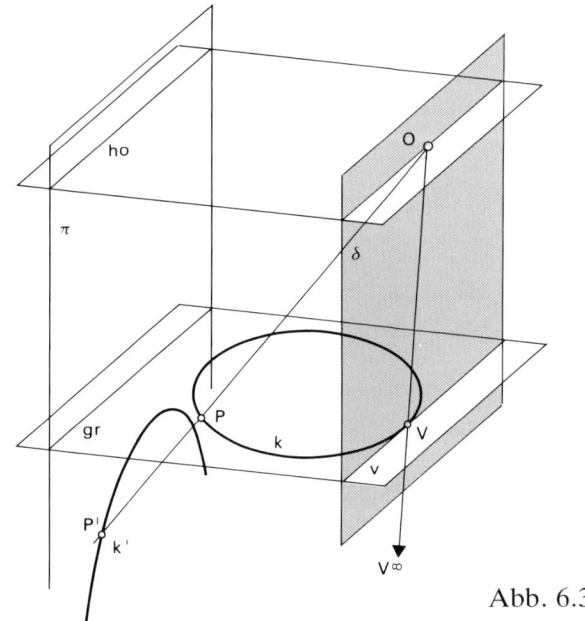

Abb. 6.3

Hat ein Kreis die Lage, daß er von der Verschwindungsspur v geschnitten wird, so ist sein perspektives Bild eine Kurve mit zwei unendlich fernen Punkten $R\infty$ und $S\infty$, Abb. 6.4. Die Kurve ist eine Hyperbel und besteht aus zwei Ästen. Dem Kreisabschnitt, der vor der Verschwindungsspur v im abbildbaren Raum liegt entspricht in der Bildebene der Hyperbelast unterhalb der Bildspur gr. Das perspektive Bild des anderen Kreisabschnittes ist der zweite Hyperbelast oberhalb der Fluchtspur ho. Diese Betrachtung ist jedoch theoretisch, aber gerechtfertigt, wenn das Auge rein geometrisch durch einen Punkt ersetzt wird. Die Bilder der Punkte R und S auf der Verschwindungsspur v liegen im Unendlichen und werden durch die Richtungen O,R und O,S bestimmt. Die Bilder der beiden Tangenten r und s an die Punkte R und S sind parallel zu den Richtungen O,R und O,S und schneiden sich in T'. Da einer Kreistangente eine Tangente an die Bildkurve zugeordnet ist, so sind die Bilder s' und r' Tangenten an die Hyperbel in den unendlich fernen Punkten S∞ und R∞, die den Punkten R und S der Verschwindungsspur v entsprechen. Die Tangente einer Kurve an einen unendlich fernen Punkt nennt man Asymptote.

Das perspektive Bild eines Kreises ist demnach abhängig von seiner Lage in bezug auf die Verschwindungsebene. Das Bild wird eine Ellipse sein, wenn der

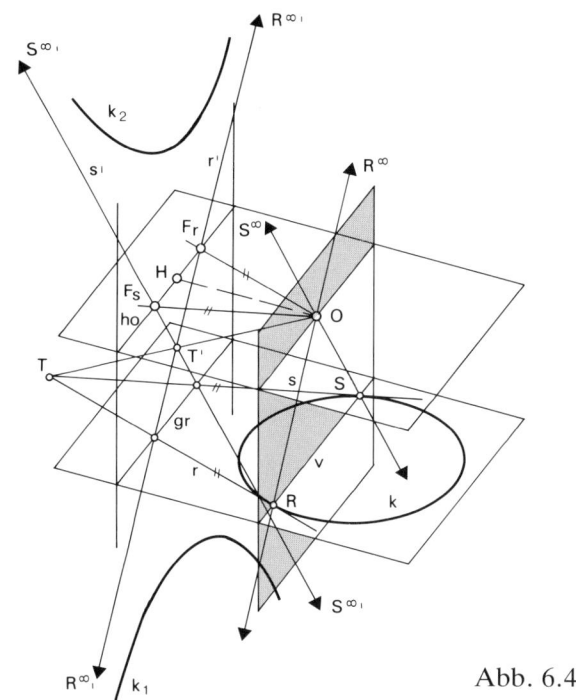

Abb. 6.4

Kreis vor der Verschwindungsebene liegt, berührt er die Verschwindungsebene, bildet er sich als Parabel ab, und schneidet er die Verschwindungsebene, ist sein Bild eine Hyperbel.

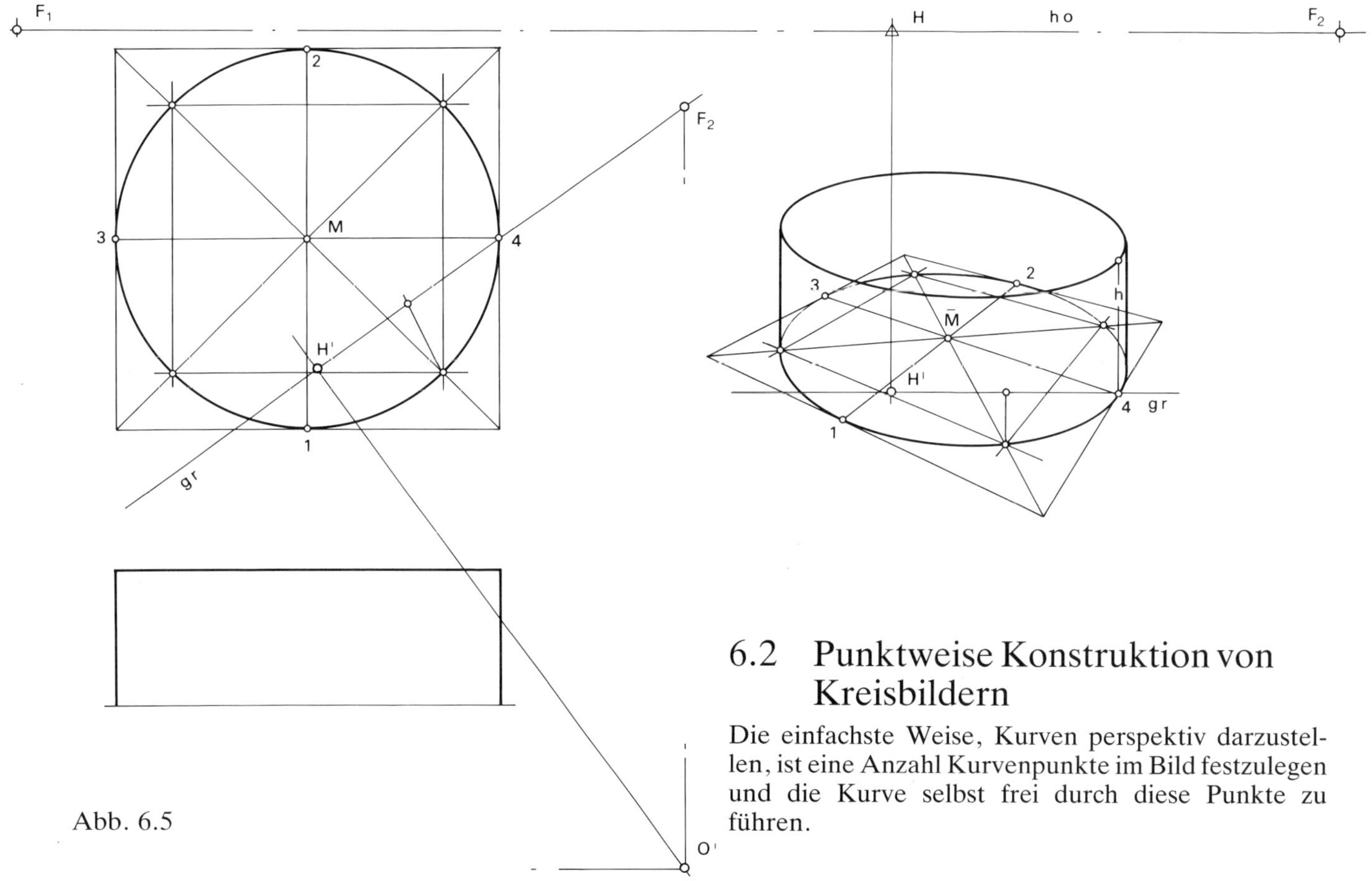

Abb. 6.5

6.2 Punktweise Konstruktion von Kreisbildern

Die einfachste Weise, Kurven perspektiv darzustellen, ist eine Anzahl Kurvenpunkte im Bild festzulegen und die Kurve selbst frei durch diese Punkte zu führen.

55

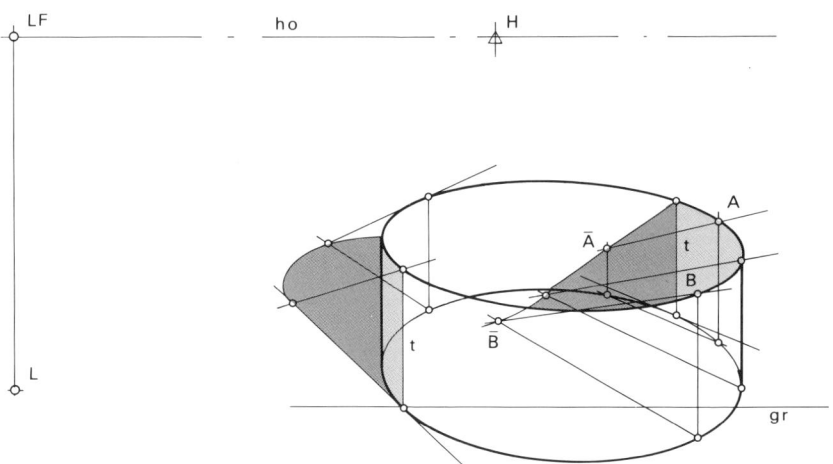

Abb. 6.6

Abb. 6.5. Zu konstruieren ist das perspektive Bild eines senkrechten Hohlzylinders. Für die punktweise Konstruktion des Zylinders umschreibt man dessen Grundkreis im Grundriß mit einem Quadrat. Die beiden Durchmesser und die Diagonalen schneiden den Kreis in 8 Punkten, die dann auch Punkte des Kreisbildes sind, das eine Ellipse ist. Zunächst wird das Bild des umschreibenden Quadrates konstruiert. Die beiden Diagonalen schneiden sich im Mittelpunkt M, durch den dann auch die Durchmesser gezogen werden. Die Durchmesser schneiden in 4 Punkten das umschreibende Quadrat. Ein Diagonalpunkt des Kreises wird mittels eines Projektionsstrahls im Bild bestimmt, und die weiteren Diagonalpunkte gewinnt man aus dem inneren Quadrat. Frei oder mit einem Kurvenlineal ist dann die Ellipse zu zeichnen. An einer Maßvertikalen h über einem Spurpunkt wird die Höhe des Zylinders abgetragen und in dieser Höhe die Ellipse des Zylinderrandes konstruiert. Die senkrechten Tangenten an die beiden Ellipsen sind die scheinbare Begrenzung der Mantelfläche des Zylinders. Es ist zu beachten, daß der Kreismittelpunkt M nicht mehr Mittelpunkt seines Bildes ist, weil bei Zentralprojektion im allgemeinen die Parallelität und somit auch das Teilungsverhältnis verloren gehen.

Abb. 6.6. Legt man an den Hohlzylinder senkrechte Hilfsebenen in Lichtrichtung, so berühren sie die Zylinderwand in Mantellinien, in denen der Zylinder vom Licht gestreift wird. Diese Berührungslinien t sind die Selbstschattengrenze des Zylindermantels. Konstruktiv hat man lediglich zwei Tangenten in Richtung Lichtfußpunkt LF an den Grundkreis zu legen, der ja als Ellipse erscheint, und auf die Berührungspunkte die Begrenzungslinien t zu zeichnen. Die Schlagschattenbegrenzung ist der Schlagschatten der Selbstschattengrenze. Es bleibt also nur festzustellen, wohin Punkte der Selbstschattengrenze ihre Schatten werfen. Legt man durch einen beliebigen Punkt A des Zylinderrandes eine Ebene in Lichtrichtung, so schneidet sie die Grundebene und die Zylinderwand in Spuren. Ein Lichtstrahl durch A bestimmt dann in seinem Schnitt mit der Spur auf der Zylinderwand den Schattenpunkt Ā. Punkt B hat seinen Schatten in B̄ auf der Grundebene dort, wo ein Lichtstrahl durch B die Spur auf der Grundebene trifft. Nach diesem Verfahren hat man punktweise die Schlagschattengrenze auf der Zylinderwand und auf der Grundebene festzulegen.

Die den Zylinderrand berührenden Lichtstrahlen können auch als Mantellinien eines schrägen Lichtzylinders aufgefaßt werden, mit dem Zylinderrand als Leitkurve. Dieser Lichtzylinder schneidet den senkrechten Hohlzylinder und die Grundebene nach Ellipsen.

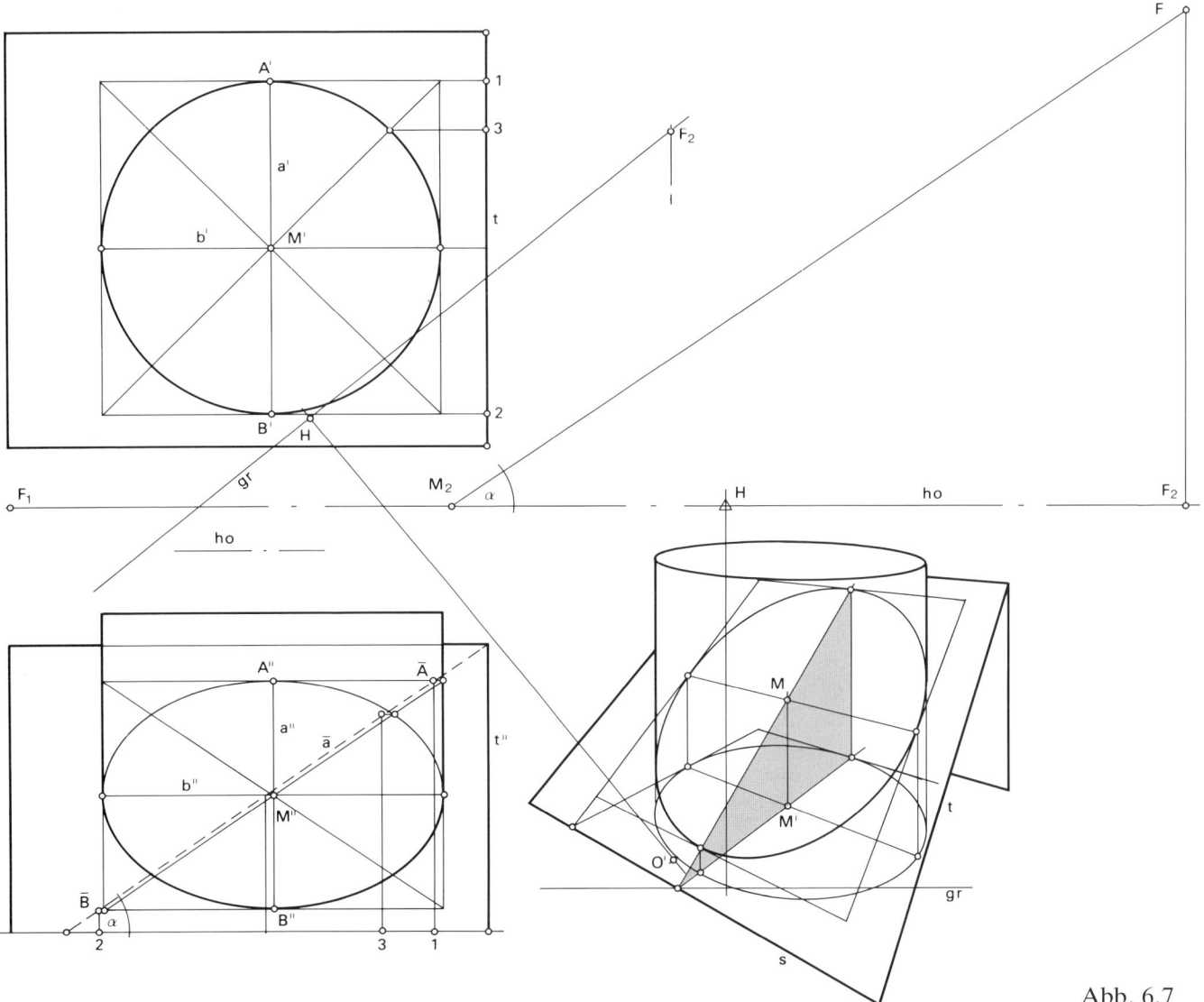

Abb. 6.7

6.3 Zylinderschnitt

Abb. 6.7. Ein zylindrischer Turm wird von einem Pultdach geschnitten. Die Durchdringungskurve ist eine Ellipse, deren Grundrißbild sich mit dem Grundkreis des Turmes deckt und die im Aufriß wieder als Ellipse erscheint. Dreht man die Giebellinie t'' in eine parallele Lage zur Aufrißebene – gestrichelte Linie – so gewinnt man den Neigungswinkel α der Dachschräge und die wahre Länge der Giebellinie als $\bar{a}$. Da die Ellipsenachse b der Durchdringungskurve zur Grundrißebene und zur Aufrißebene parallel ist, erscheint sie dort in wahrer Länge. Dagegen wird die Achse a sowohl im Grundriß als auch im Aufriß verzerrt abgebildet. Will man die wahre Länge dieser Achse, so bringt man ihre Scheitelpunkte A', B' als 1 und 2 an die Giebellinie t' und überträgt sie im Aufriß an die eingedrehte Giebellinie $\bar{a}$, als $\bar{A}$ und $\bar{B}$. Die im Aufriß verzerrt abgebildete Achse a'' erhält man, wenn diese mit ihren Scheitelpunkten $\bar{A}$ und $\bar{B}$ auf der Giebellinie $\bar{a}$ wieder durch Eindrehen in ihre ursprüngliche Lage gebracht wird. Auf diese Weise lassen sich auch die Diagonalpunkte vom Grundriß in den Aufriß übertra-

gen. Da bei Parallelprojektion, wie sie im Grund- und Aufriß vorliegt, die Parallelität erhalten bleibt, geht auch das Teilungsverhältnis nicht verloren. Der Kreismittelpunkt M' ist dann auch Mittelpunkt M'' der Schnittellipse im Aufriß.

Überträgt man die Strecke $O'F_2$ vom Grundriß in den Bildteil, von F_2 aus an die Horizontlinie ho, so hat man den Meßpunkt M_2. Der Schenkel des wahren Winkels α der Dachneigung schneidet dann in seiner Verlängerung die Senkrechte auf F_2 in F. F ist dann der Fluchtpunkt aller Geraden, die zur Giebellinie t parallel sind, das sind insbesondere die Spuren von senkrechten Hilfsebenen auf der Dachfläche. Die Hilfsebenen werden eingesetzt, um eine beliebige Zahl von Punkten der Durchdringungskurve zu erhalten – gerastert hervorgehoben. Die Senkrechte auf dem Schnittpunkt der Grundebenespur einer Hilfsebene mit dem Bild des Grundkreises bestimmt im Schnitt mit der Spur auf der Dachfläche einen Punkt, durch den dann auch die Durchdringungsspur geführt werden muß.

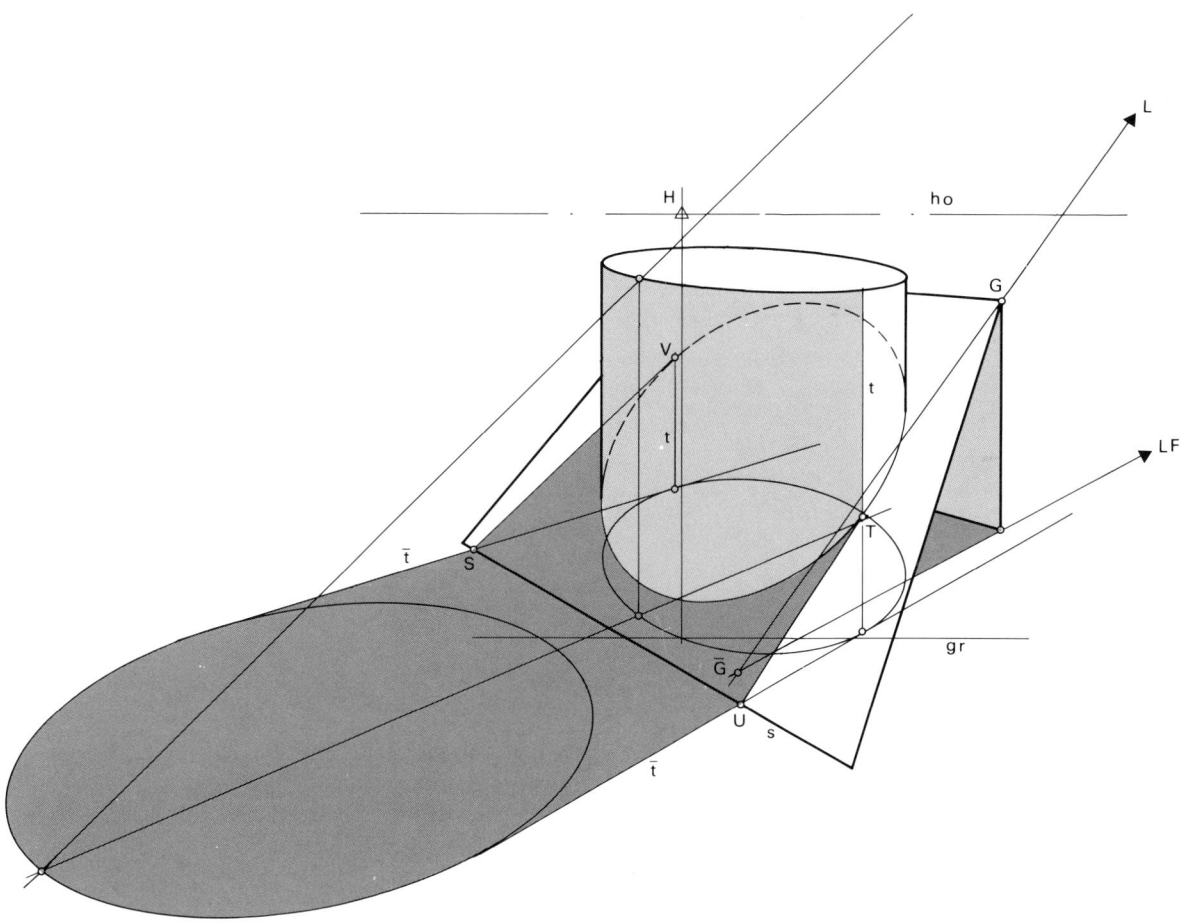

Abb. 6.8

In Abb. 6.8 steht die Sonne vor dem Betrachter, und der Schatten fällt auf ihn zu. Der Lichtfluchtpunkt L und sein Fußpunkt LF sind frei gewählt, und damit ist die Beleuchtung im Bild festgelegt. Zuerst stellen wir fest, ob die Dachfläche vom Licht getroffen wird oder im Schatten liegt. Der Giebelpunkt G wirft seinen Schatten nach Ḡ. Der Schatten von G liegt also hinter der Trauflinie s, und die Dachfläche erhält Licht. Zwei Tangenten aus dem Lichtfußpunkt LF an das Bild des Grundkreises sind die Grundebenespuren zweier Hilfsebenen, die in t und t die Zylinderwand berüh-

ren. Diese Mantellinien sind Linien der Selbstschattengrenze, die nach t̄ und t̄ ihre Schatten werfen. In T und V werden die beiden Hilfsebenen von der Durchdringungsspur berührt, in S und U von der Trauflinie s geschnitten, und die Verbindungslinien T,U bzw. V,S sind die Schatten der schattenwerfenden Mantellinien t und t auf der Dachfläche. Der Zylinderrand ist wieder Leitkurve eines Lichtstrahlenzylinders, der die Grundebene in einen Ellipsenbogen schneidet, der dann auch Begrenzungslinie des Schlagschattens ist.

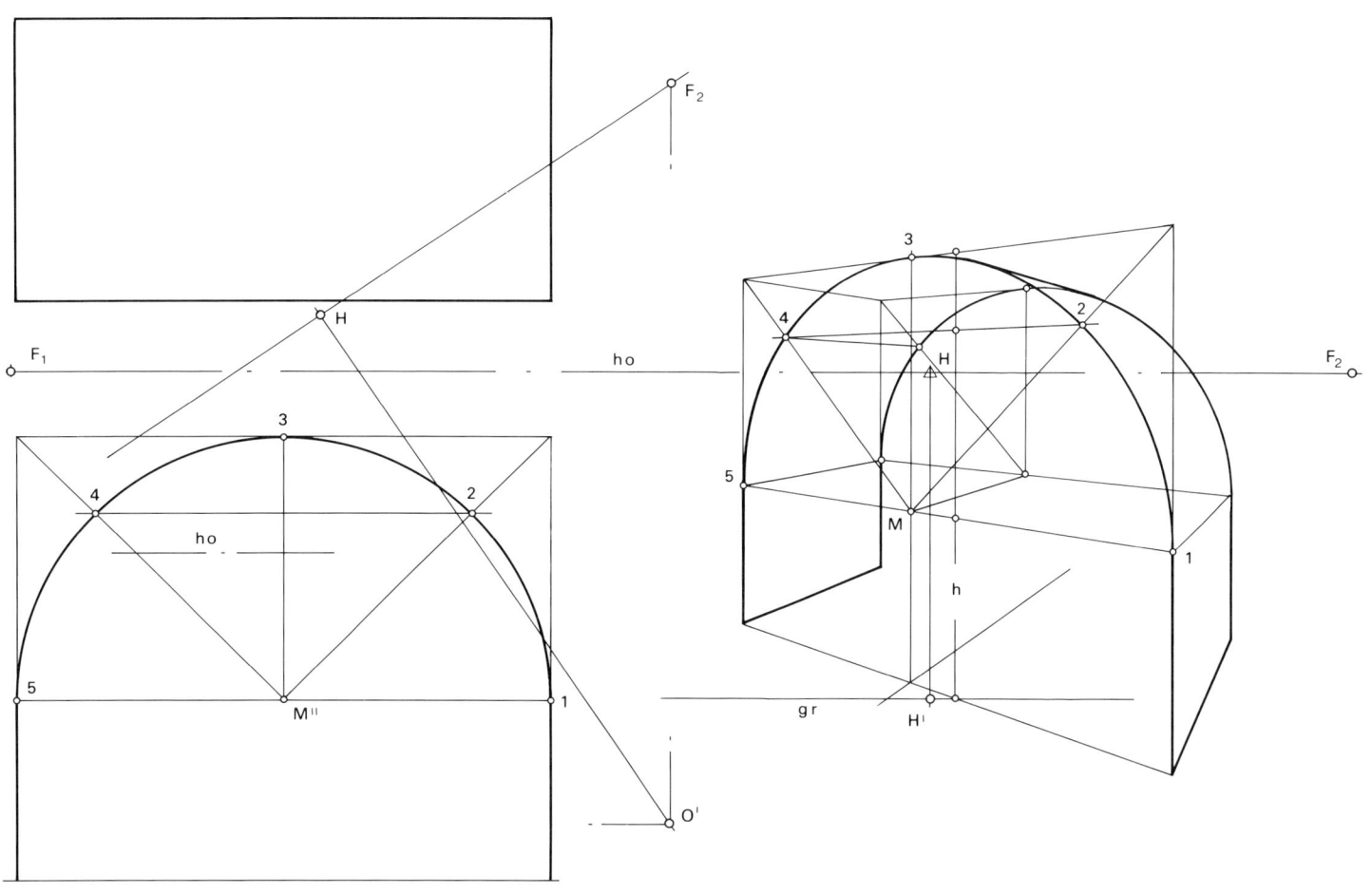

Abb. 6.9

Abb. 6.9. Der Kreisbogen des Tonnengewölbes wird im Aufriß mit einem Rechteck umschrieben. Der Durchmesser, der Halbdurchmesser und die Diagonalen schneiden den Kreisbogen in 5 Punkten, die in das perspektive Bild zu übertragen sind. Die wahren Höhen dieser Kreispunkte werden an einer Senkrechten h über einem Spurpunkt abgetragen und als die Punkte 1–5 an die Bilder der Diagonalen bzw. Durchmesser gebracht.

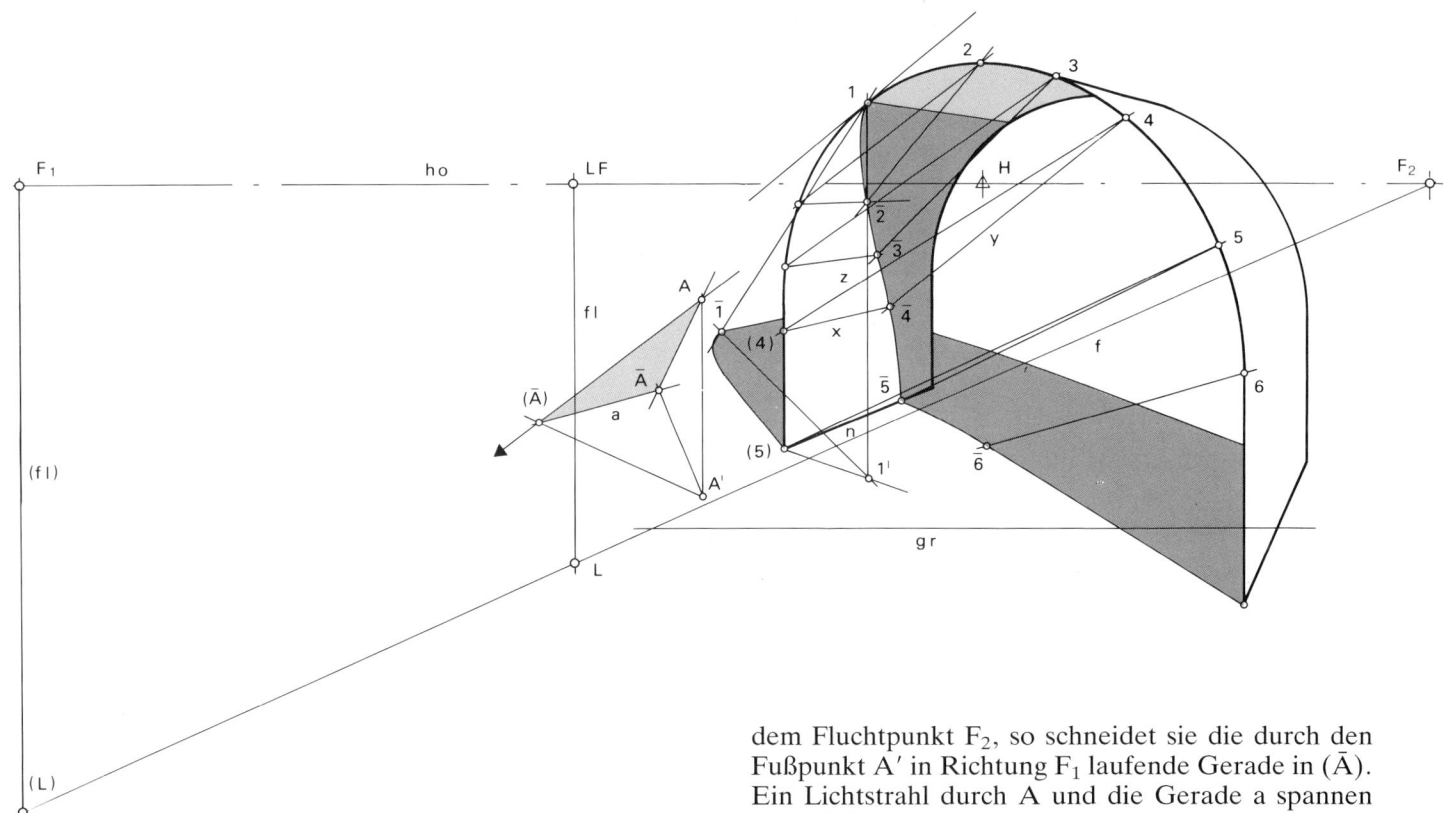

Abb. 6.10

6.4   Schatten im Tonnengewölbe

Lichtfluchtpunkt L und Lichtfußpunkt LF der Abb.
6.10 sind frei gewählt. Die Schlagschattengrenze im
zylindrischen Gewölbe liegt in der Durchdringungskurve des Hohlzylinders mit dem Lichtzylinder, dessen Leitkurve der vordere Abschlußkreisbogen des
Gewölbes ist. Diese Kurve wird punktweise konstruiert, indem man Hilfsebenen einsetzt, die parallel zu
den Mantellinien beider Zylinder sind und die Ebene,
in der der Abschlußkreisbogen liegt, in Spuren schneiden. F_2 ist der Fluchtpunkt der Mantellinie x des
Gewölbezylinders, und der Fluchtpunkt der Mantellinie y des Lichtzylinders ist der Lichtfluchtpunkt L.
Dabei ist die durch F_2 und L laufende Gerade f die
Fluchtspur der untereinander parallelen Hilfsebenen.
Die Hilfsebene schneidet die Ebene, in welcher der
Abschlußkreisbogen liegt, in einer Spur z, die in ihrer
Verlängerung den Schnittpunkt (L) der Fluchtspuren
(fl) und f beider Ebenen als ihren Fluchtpunkt trifft,
denn sie ist eine gemeinsame Gerade dieser Ebenen.
(L) ist auch als Lichtfußpunkt der Ebene aufzufassen,
in welcher der Abschlußkreisbogen liegt. Eine Skizze
im Bild zeigt diese Operation gesondert. Ein beliebiger Punkt A, der in A′ auf der Grundebene seinen
Fußpunkt hat, wirft seinen Schatten nach Ā. Zieht
man durch den Schattenpunkt Ā eine Gerade a aus

dem Fluchtpunkt F_2, so schneidet sie die durch den
Fußpunkt A′ in Richtung F_1 laufende Gerade in (Ā).
Ein Lichtstrahl durch A und die Gerade a spannen
eine Hilfsebene auf – gerastert hervorgehoben –, die
in f ihre Fluchtspur hat. In der Verbindungslinie A(Ā)
schneidet die Hilfsebene die Ebene, die nach (fl)
fluchtet. Verlängert man diese Verbindungslinie, so
gewinnt man in (L) den Fußpunkt des Lichtflucht-
punktes auf der Fluchtspur der Ebene, in welcher der
Abschlußkreisbogen liegt.

Dorthin fluchten alle Kreissehnen z, mit deren Hilfe
die Schattenlinie im Gewölbezylinder gefunden werden kann. Die Tangente aus (L) berührt in Punkt 1
den Kreisbogen, er ist ein Punkt der Selbstschattengrenze im Gewölbe, die in Richtung F_2 läuft. In Punkt
1 nimmt auch der Schlagschatten seinen Anfang.
Durch einen beliebigen Punkt 4 des Kreisbogens wird
eine Sehne z in Richtung (L) gezogen. Sie schneidet in
(4) die Gewölbebegrenzung, und eine Mantellinie x
trifft den Lichtstrahl durch 4 im Schattenpunkt 4̄.
Nach diesem Verfahren sind weitere Punkte der
Schlagschattengrenze im Gewölbe zu ermitteln und
mit einem Kurvenlineal zu verbinden. Will man feststellen, welcher Punkt des Kreisbogens seinen Schatten auf die Fußlinie n des Gewölbes wirft, so schließt
man rückwärts und zieht durch den vorderen Punkt
(5) der Fußlinie n eine Sehne aus (L). Sie schneidet in
5 den Kreisbogen, und ein Lichtstrahl durch 5 bestimmt im Schnitt mit n seinen Schatten 5̄. Zu beachten ist, daß die Schattengrenze einmal auf der Gewöl-
befläche und zum anderen auf der senkrechten Fläche
der Stützmauer liegt, was zur Folge hat, daß der
Schattenverlauf dort einen Wendepunkt hat.

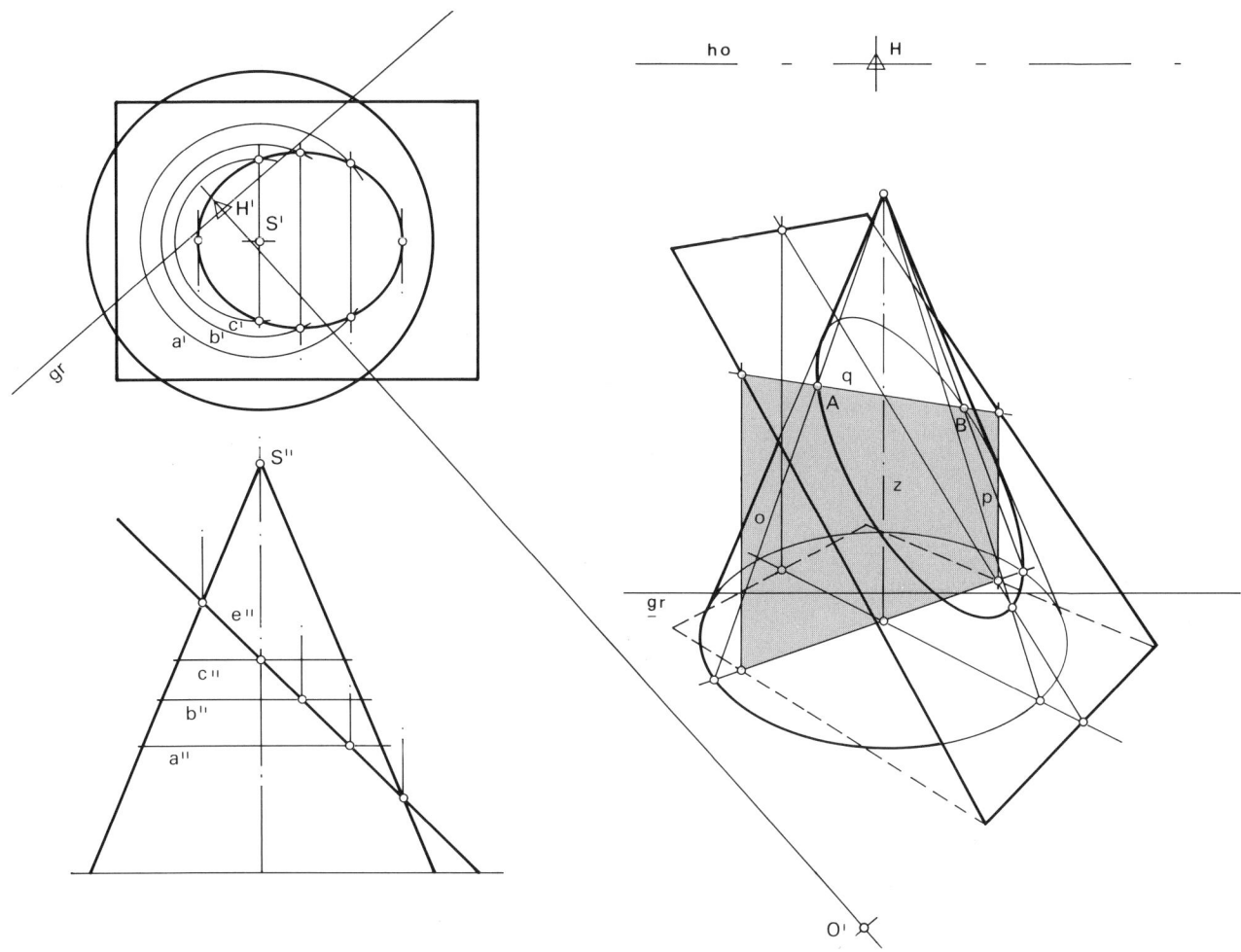

Abb. 6.11

6.5 Kegelschnitt

Abb. 6.11. Im Grund- und Aufriß ist ein gerader Kreiskegel wiedergegeben, der von einer Dachfläche nach einer Ellipse geschnitten wird. Die Dachfläche hat eine zur Aufrißebene senkrechte Lage. Die Schnittfigur bildet sich aus diesem Grunde im Aufriß projizierend in der Geraden e″ ab, und im Grundriß erscheint sie als Ellipse. Mittels waagerechter Ebenen, die den Kegel nach Kreisen schneiden, läßt sich das Grundrißbild der Schnittfigur punktweise ermitteln. Die beliebig angenommenen Schichtebenen, die dann auch die Schnittkreise enthalten, bilden sich im Aufriß in den Geraden a″,b″,c″ ab, und im Grundriß erscheinen sie als Kreise a′,b′,c′. Die Schnittfigur wird von den Schichtkreisen in Punkten geschnitten, die aus dem Aufriß gelotete Punkte liefern, durch die dann schließlich die Schnittellipse gezeichnet werden kann.

Das perspektive Bild des Kegelschnittes kann auch hier punktweise mittels Hilfsebenen konstruiert werden. Legt man beliebig senkrechte Hilfsebenen durch die Kegelachse z, so schneiden sie den Kegel in Mantellinien und die Dachfläche in Spuren, die sich jeweils in Punkten schneiden, durch die auch die Schnittellipse geführt werden muß. Eine Hilfsebene durch die Kegelachse z – gerastert hervorgehoben – schneidet den Kegel in den Mantellinien o und p und die Dachfläche in der Spur q. Die sich daraus ergebenden Schnittpunkte A und B sind Punkte der Schnittellipse. Nach diesem Verfahren lassen sich weitere Punkte der Ellipse finden.

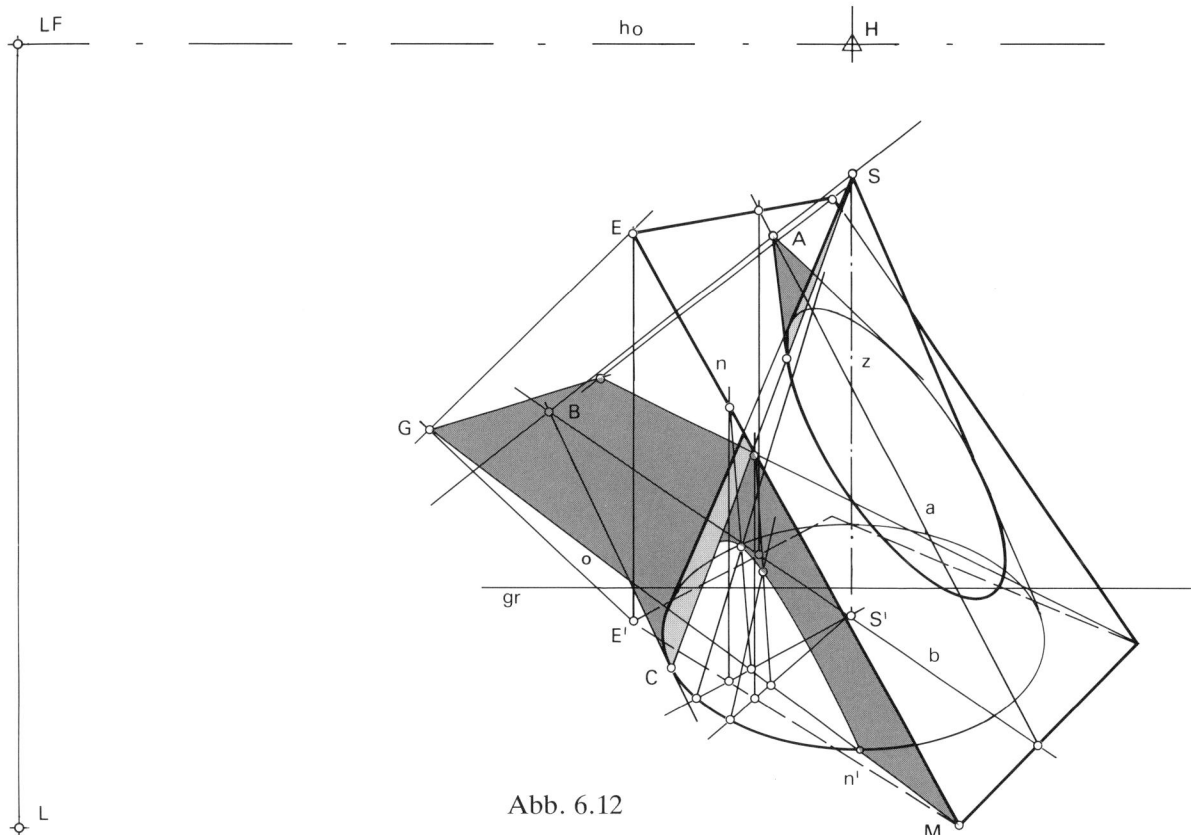

Abb. 6.12

Abb. 6.12. Es ist der Schatten zu konstruieren, den ein Kegel und eine ihn schneidende Dachfläche werfen. Der Lichtfußpunkt LF und der Lichtfluchtpunkt L sind frei gewählt. Legt man eine Hilfsebene in Lichtrichtung durch die Kegelachse z, so wird die Dachfläche in einer Spur a und die Grundebene in der Spur b geschnitten.

Ein Lichtstrahl durch die Kegelspitze S schneidet die Spur a auf der Dachfläche in A und die Spur b auf der Grundebene in B. Eine Tangente aus B an den Grundkreis des Kegels berührt diesen in C. Punkt C ist Fußpunkt einer Mantellinie, die auch die Selbstschattengrenze darstellt. Die Tangente selbst begrenzt den Schlagschatten, den der Kegel auf die Grundebene wirft, der aber vom Schatten der Dachfläche überlagert wird. Die Tangenten aus A an die Schnittellipse sind die Begrenzungslinien des Schattens, der vom Kegel auf die Dachfläche fällt. Punkt E der Kante n hat seinen Fußpunkt in E′, und ein Lichtstrahl durch E trifft seine Grundrißprojektion aus E′ nach LF in G. Verbindet man Punkt M mit G, so stellt diese Verbindungslinie o den Schatten dar, der von der Kante n auf die Grundebene fällt, der jedoch in seinem Verlauf vom Kegel unterbrochen wird. Der auf dem Kegel liegende Schatten stellt sich als ein Kegelschnitt dar. Diese Kurve kann punktweise mittels Hilfsebenen gefunden werden. Man setzt senkrechte Hilfsebenen ein, die auch die Kegelachse z

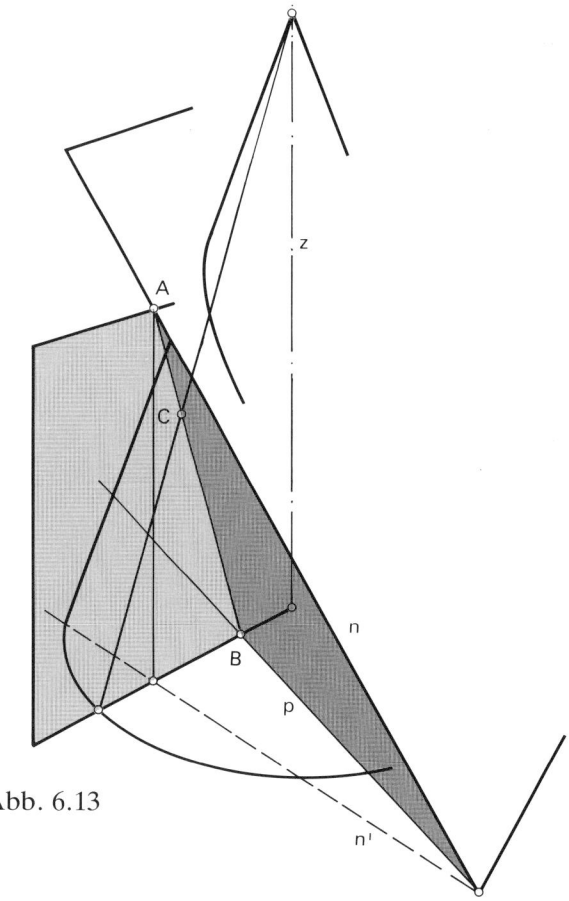

Abb. 6.13

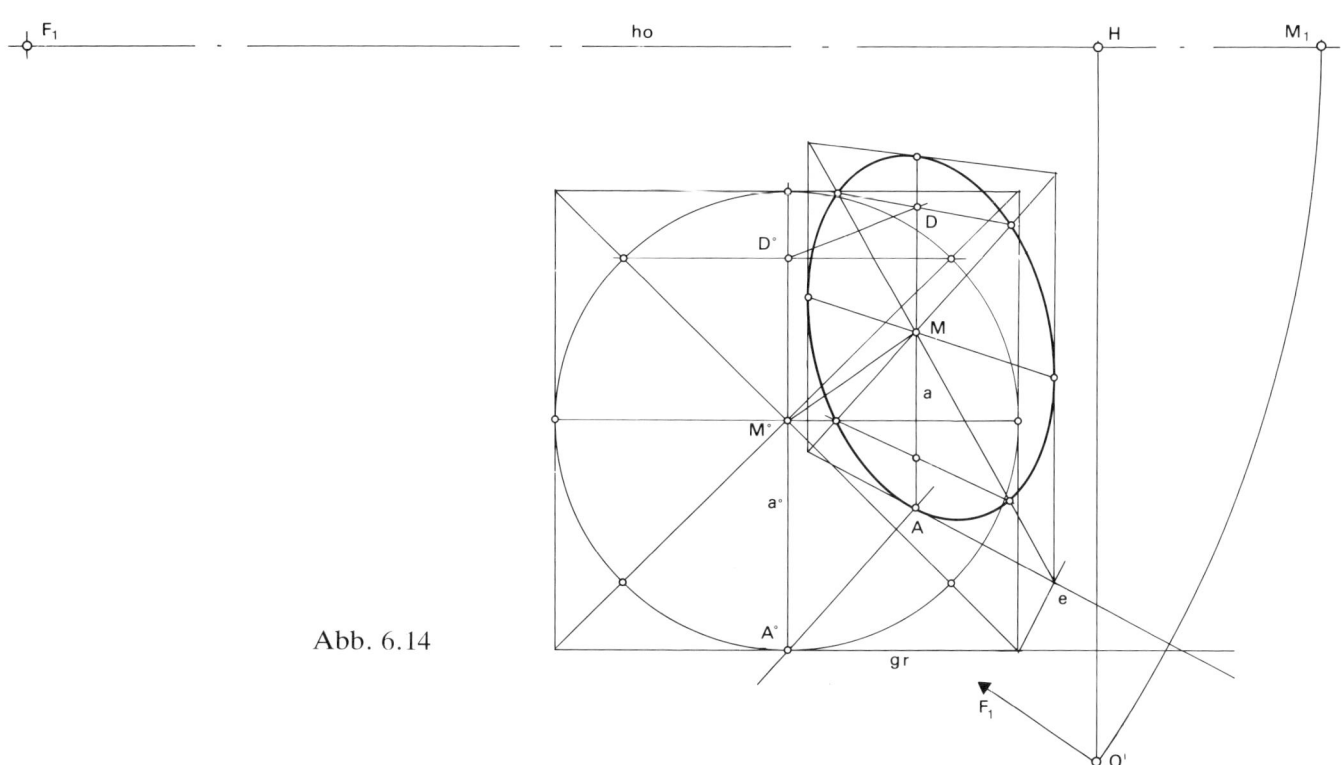

Abb. 6.14

enthalten; sie schneiden den Kegel in Mantellinien und werden von der Dachkante n in Punkten durchstoßen. Folgt man jeweils dem Schattenverlauf, den die Kante n auf eine solche Hilfsebene wirft, so schneidet die Schattenlinie die jeweilige Kegelmantellinie in einem Punkt, durch den dann auch die Schattenkurve laufen muß.

Den Gang der Konstruktion zeigt die kleine Detailskizze der Abb. 6.13. Die schattenwerfende Kante n hat ihre Grundrißprojektion in n', und n wirft ihren Schatten nach p auf die Grundebene. Die Kante n durchstößt in A die Hilfsebene, die auch die Kegelachse z enthält. Diesen Durchstoßpunkt A gewinnt man als Schnittpunkt einer Senkrechten, die auf dem Schnitt von n' mit der Grundebenespur der Hilfsebene steht. In B schneidet die Schattenlinie p die Spur der Hilfsebene. Der Schattenverlauf von B nach A auf der Hilfsebene schneidet in C die in ihr liegende Mantellinie des Kegels. C ist ein Punkt der gesuchten Schattenbegrenzung auf dem Kegel.

Die punktweise Übertragung von Kreispunkten ist zu vereinfachen, wenn für die Konstruktion der Meß-

punkt eingesetzt wird. Gegeben sind in Abb. 6.14 der Horizont ho, die Grundlinie gr, der Hauptpunkt H und senkrecht unter H, in die Zeichenebene gelegt, das Projektionszentrum O'. Ein Parallelstrahl aus O' liefert im Schnitt mit ho den Fluchtpunkt F_1 einer Richtung, in die die Gerade e fluchtet. Den Meßpunkt M_1 erhält man, wenn die Strecke O'F_1 um F_1 als Drehpunkt in die Horizontlinie ho eingedreht wird. Über die Raumgeraden e soll das Bild eines Kreises konstruiert werden, mit A als Fußpunkt eines senkrechten Durchmessers. Eine Gerade aus M_1 durch A schneidet in A° die Grundlinie gr. Die auf A° errichtete Senkrechte ist dann der Durchmesser des Kreises, der in wahrer Größe skizziert wird. Jetzt können alle Kreispunkte aus der Skizze mit Linien in Richtung M_1 an das zu konstruierende Kreisbild übertragen werden. Dabei bedient man sich auch der Parallelität der Durchmesser a° und a, denn im gesonderten Fall bei untereinander Parallelen bleibt in der Zentralprojektion das Teilungsverhältnis erhalten. So kann z.B. die Strecke MD unterhalb von M an a in ihrer wahren Größe unverändert abgetragen werden.

6.6 Ellipsenkonstruktionen

Die Übertragung von Kreispunkten bei der Konstruktion von Bildellipsen ist nicht immer genau, jedoch in vielen Fällen ausreichend. Die Vielzahl von Hilfslinien läßt sich reduzieren und die Genauigkeit verbessern, wenn eine der Ellipsenkonstruktionen herangezogen wird, die sich aus den Eigenschaften herleiten lassen, die dem Kreis und seinem perspektiven Bild gemeinsam sind. Eine Ellipse ist stets spiegelsymmetrisch in bezug zu ihren Achsen, unabhängig davon, ob sie aus einer Parallel- oder Zentralprojektion hervorgegangen ist. Zunächst hat man die Lage und Größe der Achsen zu finden, um dann die dazugehörige Bildellipse mittels einer der vielen Methoden zu zeichnen.

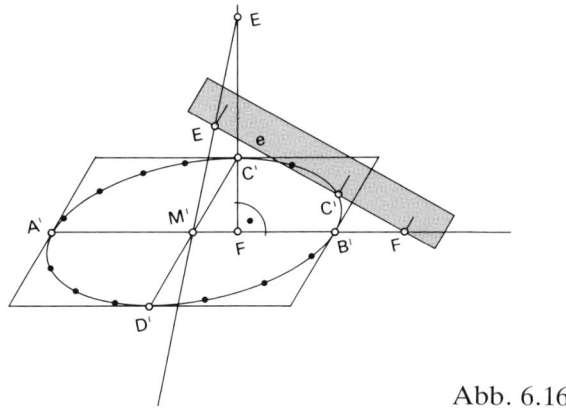

Abb. 6.16

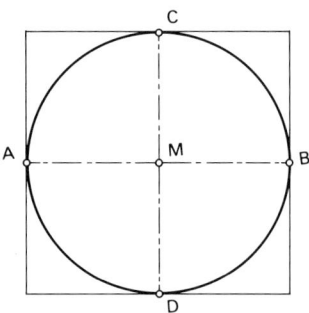

Abb. 6.15

Umschreibt man einen Kreis mit einem Quadrat und verbindet jeweils die gegenüberliegenden Berührungspunkte, so erhält man die orthogonalen Kreisachsen und ihr Schnittpunkt M ist Mittelpunkt des Kreises, Abb. 6.15.

Bildet man diesen Kreis mitsamt seinen Achsen und seinem Tangentenquadrat in Parallelprojektion ab, entsteht im allgemeinen eine Ellipse in einem Tangentenparallelogramm, und die Kreisachsen sind dann konjungierte Ellipsendurchmesser geworden. Bei Parallelprojektion geht die Parallelität nicht verloren, und konjungierte Ellipsendurchmesser, die aus den Kreisachsen hervorgehen, zeichnen sich dadurch aus, daß bei jeweils zwei Durchmessern ein Durchmesser parallel zu den Tangenten verläuft, die durch die Endpunkte des anderen Durchmessers an die Ellipse gezogen werden können. Da die Parallelität erhalten bleibt, geht auch das Teilungsverhältnis nicht verloren, und der Kreismittelpunkt ist dann auch Mittelpunkt M' der Bildellipse.

Wenn konjungierte Durchmesser einer zu zeichnenden Bildellipse in ihrer Lage und Größe gegeben sind, läßt sich zu ihrer Konstruktion eine Papierstreifenmethode einsetzen, Abb. 6.16. An einer Senkrechten

durch C' auf A'B' mit dem Fußpunkt F wird von C' aus die Strecke C'E=A'M' abgetragen und eine Gerade durch E und M' gezogen. An die Kante e eines Papierstreifens markiert man die Streckenabschnitte E,C',F und legt den Streifen so an, daß der Punkt E stets auf der Geraden durch EM' und der Punkt F auf dem verlängerten Durchmesser A'B' entlang gleitet, so beschreibt der Punkt C' die Bildellipse. Es lassen sich auf diese Weise beliebig viele Ellipsenpunkte gewinnen, durch die dann die Kurve frei oder mit einem Kurvenlineal gezogen werden kann.

Will man aber die Bildellipse, deren konjungiertes Durchmesserpaar gegeben ist, mit Hilfe eines Ellipsenzirkels oder der Krümmungskreise zeichnen, benötigt man die Achsen der Ellipse, die unter Anwendung der Rytzschen Achsenkonstruktion zu finden sind. Setzt man das unbedingt Notwendige ein bei den gegebenen konjungierten Durchmessern m und n der Abb. 6.17, bleibt folgende Konstruktion: Die Strecke

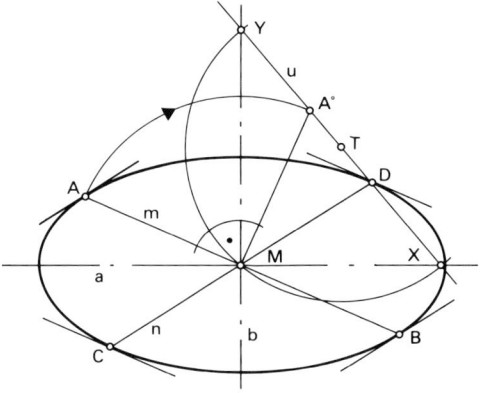

Abb. 6.17

M,A wird um 90° gedreht, durch den eingedrehten Punkt A° und D die Gerade u gezogen und die Strecke A°D geteilt. Der Thaleskreis um den Teilungspunkt T durch den Ellipsenmittelpunkt M schneidet u in X und Y. Die Achsrichtungen laufen dann durch M,Y und M,X, und die Länge der Halbachsen sind die Strecken D,X = b und D,Y = a. Jetzt kann mit Hilfe der Ellipsenachsen, die in ihrer Lage und Größe gefunden sind und eines Ellipsenzirkels oder einer der folgenden Ellipsenkonstruktionen das Kreisbild gezeichnet werden.

Auch hier, bei gegebenen Ellipsenachsen, ist die elegante Papierstreifenmethode für das Zeichnen der Ellipse als Ersatz für einen Ellipsenzirkel einzusetzen, Abb. 6.18. An die Kante e eines Papierstreifens werden die Strecken P,S = a und P,R = b abgetragen. Läßt man R auf der Hauptachse 2a und S auf der verlängerten Nebenachse 2b gleiten, so kann bei P jeweils ein Ellipsenpunkt markiert werden.

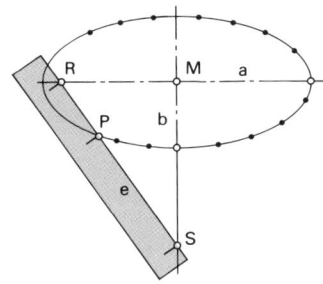

Abb. 6.18

Mit ziemlicher Genauigkeit ist die Ellipse auch mittels der Krümmungskreise in den Scheiteln der Ellipse zu zeichnen.

Abb. 6.19. Die Mittelpunkte M_1 und M_2 der Krümmungskreise haben ihren Ort auf einem Lot p, das aus einer Ecke auf eine Diagonale des Rechtecks gefällt wird, dessen Mittellinien die Ellipsenachsen 2a und 2b sind. Dieses Lot p schneidet die Achse 2a in M_1 und die verlängerte Achse 2b in M_2. Der Radius des kleinen Krümmungskreises ist die Strecke M_1A und des großen Krümmungskreises M_2D. Man hat jetzt lediglich die Übergänge zu den Krümmungskreisen zu interpolieren.

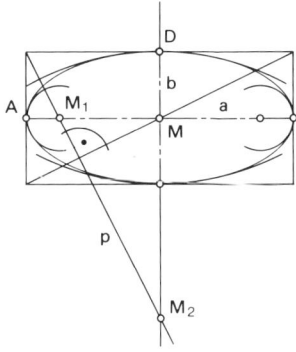

Abb. 6.19

Die sogenannte Gärtnerkonstruktion kann eingesetzt werden, Abb. 6.20, wenn die Brennpunkte F_1,F_2 der Ellipse bekannt sind. zwischen den Halbachsen a,b und der Brennpunktentfernung e vom Mittelpunkt M besteht die Beziehung $e^2 = a^2 - b^2$. Da beim Durchlaufen der Ellipse ständig verschiedene Zerlegungen der Summe 2a auftreten, gilt auch die Umkehrung: Der Ort aller Punkte der Ebene, welche von zwei festen Punkten eine konstante Entfernungssumme haben, ist eine Ellipse. Um die beiden Brennpunkte F_1,F_2, die den Abstand 2e voneinander haben, wird eine geschlossene Schnur von der Länge 2a + 2e gelegt und mit einem Stift P gespannt. Bewegt man P bei stets gespannter Schnur, beschreibt der Stift die dazugehörende Ellipse.

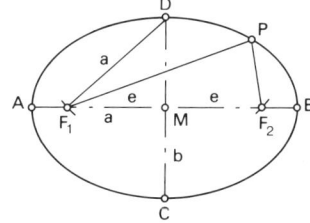

Abb. 6.20

Bei der perspektiven Darstellung hat man es jedoch mit einer Zentralprojektion zu tun, und die Verhältnisse liegen so, daß die Parallelität und somit auch das Teilungsverhältnis im allgemeinen nicht mehr gegeben sind. Parallele Kreistangenten allgemeiner Lage werden nicht als parallele Ellipsentangenten abgebildet, und die perspektiven Bilder von Kreisachsen schneiden sich dann nicht mehr im Ellipsenmittelpunkt. Konjungierte Durchmesser von Bildellipsen sind dann erst durch Konstruktion zu ermitteln.

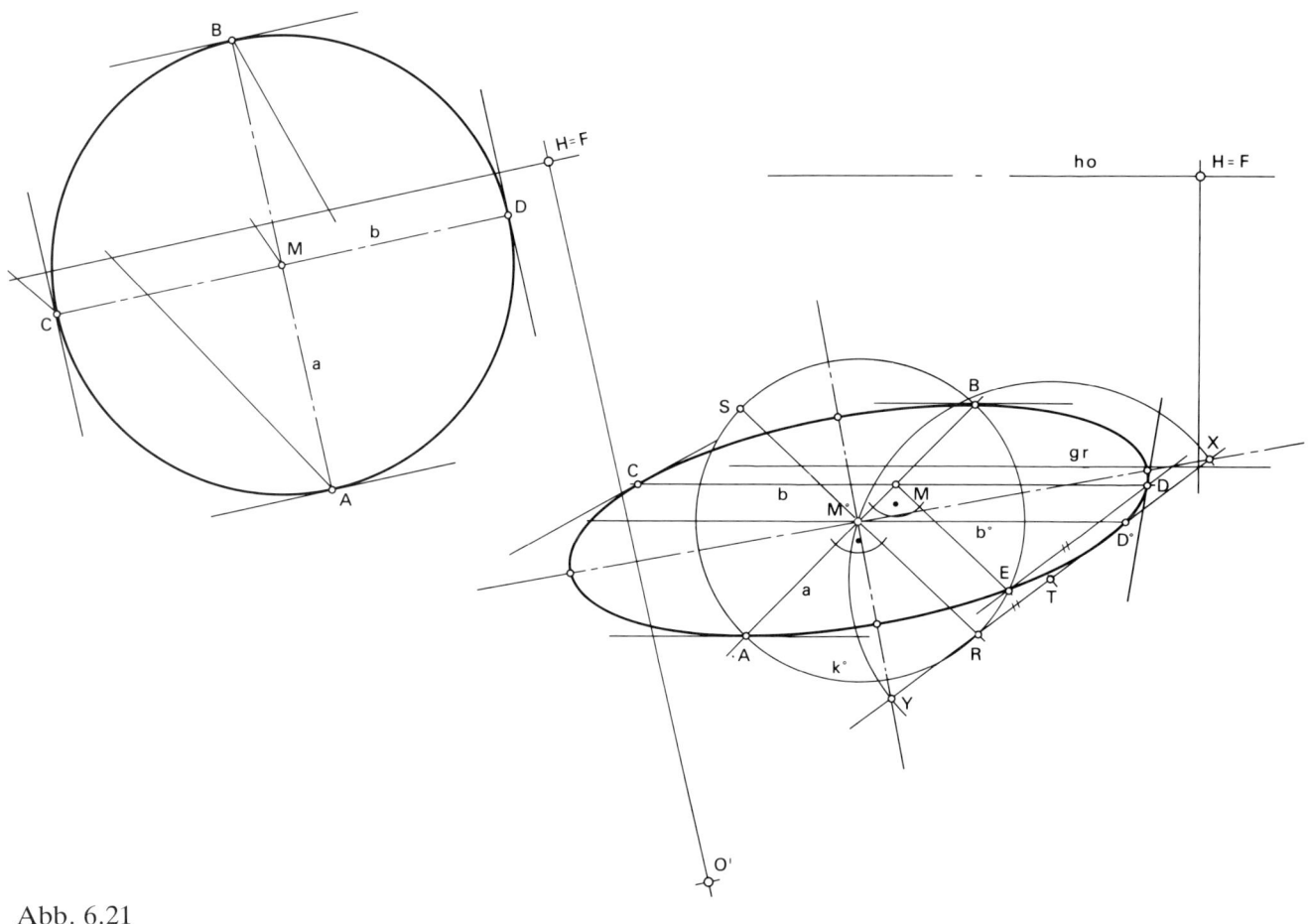

Abb. 6.21

Abb. 6.21. Im Grundriß läßt sich stets der besondere Fall herstellen, daß ein Kreistangentenpaar und somit eine Kreisachse parallel zur Bildebene sind; ihr Fluchtpunkt ist dann auf der Bildebene nicht erreichbar, er liegt im Unendlichen und die Bilder der Tangenten und der Achse sind dann untereinander parallel; während das andere Kreistangentenpaar und die andere Kreisachse senkrecht zur Bildebene stehen, fluchten ihre Bilder in den Hauptpunkt H = F.

Hat man die Bilder der im Grundriß festgelegten Kreisachsen a und b konstruiert, kann der zu a konjungierte Durchmesser b° der Bildellipse durch folgende Konstruktion gefunden werden: Über der Strecke A,B zeichnet man den Kreis k°. Im Mittelpunkt M° dieses Kreises und im Schnittpunkt M der Achsbilder a und b errichtet man auf a die Senkrechten. Die Senkrechte durch M° schneidet k° in den Punkten R und S und die Senkrechte auf M im Punkt

E. Durch M° zeichnet man eine Parallele b° zu b und eine Gerade durch R, parallel zur Verbindungslinie E,D, schneidet b° in D°; b° ist der in seiner Lage und Größe gesuchte konjungierte Durchmesser zu a. Es besteht nämlich eine affine Beziehung zwischen dem Kreis k° und der Bildellipse. Die Affinitätsrichtung wird durch die Richtung der Geraden E,D bestimmt. Den Achsen A,B und R,S des Kreises k° ist das Paar konjungierter Durchmesser a und b° der Bildellipse affin zugeordnet.

Jetzt kann zur Ermittlung der Ellipsenachsen die Rytzsche Achsenkonstruktion eingesetzt werden. Um den Halbierungspunkt T der Strecke R,D° wird ein Thaleskreis durch M° gezogen. Er schneidet die durch R,D° laufende Gerade in den Punkten X und Y, durch die dann die Achsen der Bildellipse laufen. Die Länge der kleinen Halbachse ist die Strecke R,Y und die der großen Halbachse die Strecke R,X.

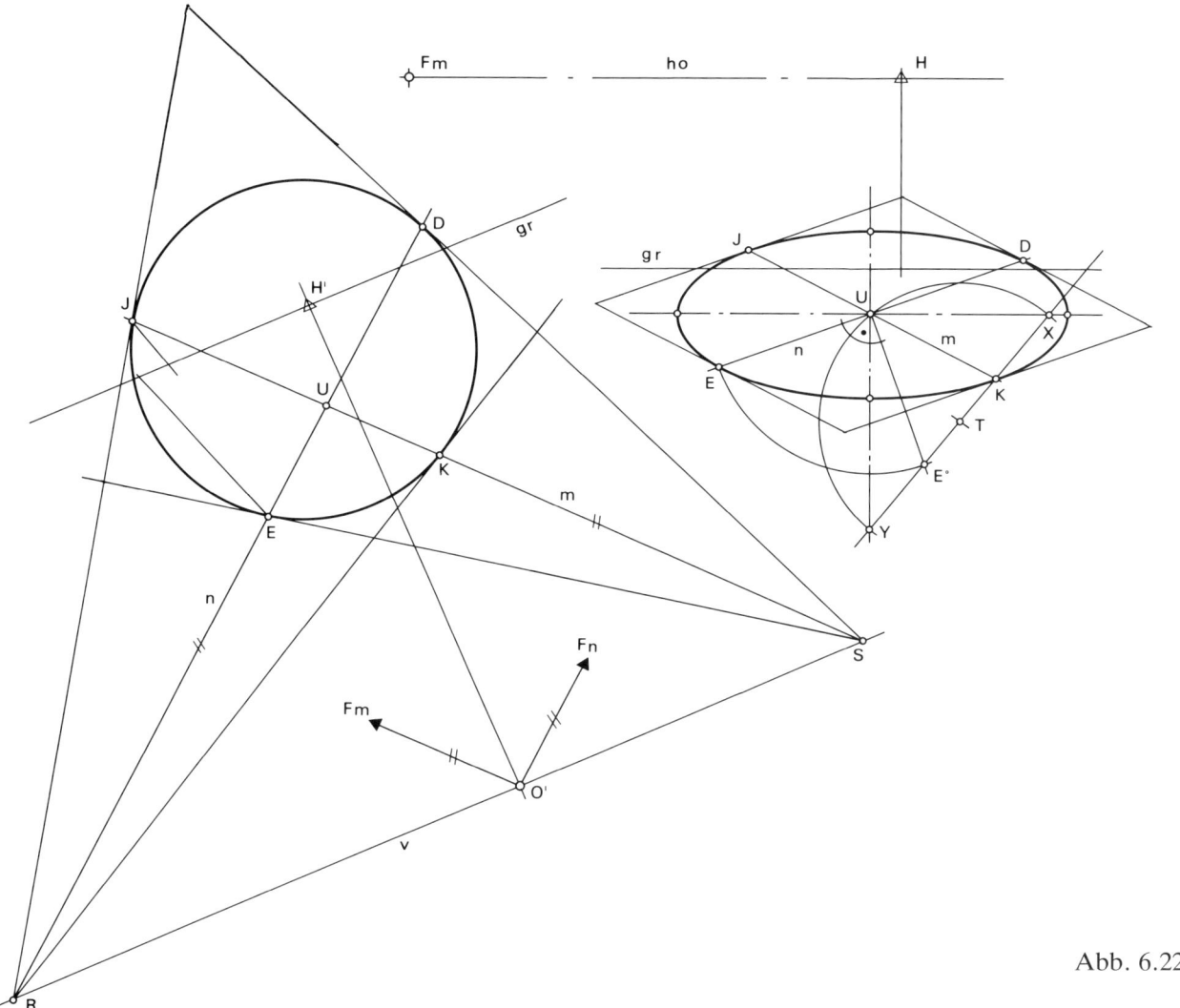

Abb. 6.22

Eine andere Möglichkeit, ein konjungiertes Durchmesserpaar der Bildellipse zu finden, bietet die Tatsache, daß Geraden, die sich in einem gemeinsamen Punkt der Verschwindungsebene schneiden, sich als Parallele abbilden, siehe Abb. 6.1.

Aus einem beliebigen Punkt R der durch O′ gehenden Spur v der Verschwindungsebene im Grundriß werden die Tangenten an den abzubildenden Kreis der Abb. 6.22 gelegt. Durch die Berührungspunkte J und K wird eine Gerade m gezogen, die in S die Verschwindungsspur v schneidet. Zwei Tangenten aus S berühren den Kreis in E und D. Die Gerade n, die durch E und D läuft, trifft in R die Verschwindungsspur v und schneidet m in U. Die Geraden m und n heißen Polare, und ihre Schnittpunkte R und S auf der

Verschwindungsspur v sind ihre Pole. Das den Kreis umschreibende Tangententrapez im Grundriß bildet sich als ein die Bildellipse umschreibendes Tangentenparallelogramm ab, und die Polare m und n erscheinen als konjungiertes Ellipsendurchmesserpaar m und n, die sich dann im Ellipsenmittelpunkt U schneiden. Mit der Rytzschen Achsenkonstruktion gewinnt man die Lage und die Größe der Ellipsenachsen. Der Punkt E wird um U in eine zu n normale Lage gedreht, und die durch den eingedrehten Punkt E° und K geführte Gerade schneidet den um den Teilungspunkt T und durch U laufenden Thaleskreis in den Punkten X und Y. Die Achsen der Bildellipse gehen durch X und Y, und die Strecke Y,E° ist die Länge der kleinen Halbachse und E°,X die der großen Halbachse.

Legt man die Bildebene und die Parallelebene zur Grundebene mit der Fluchtspur ho, dem Hauptpunkt H und dem Projektionszentrum O in eine gemeinsame Ebene, in der auch die Grundebene mit der Verschwindungsspur v liegt, wie in Abb. 6.23 anschaulich dargestellt ist, so kommt man zu einer einfachen Konstruktionsanordnung für Kreise, die in Abb. 6.24 zur Anwendung kommt.

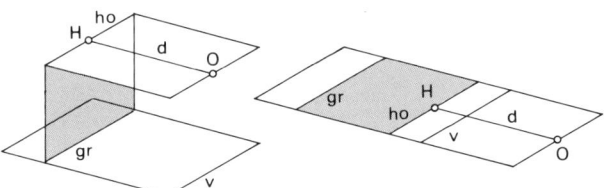

Abb. 6.23

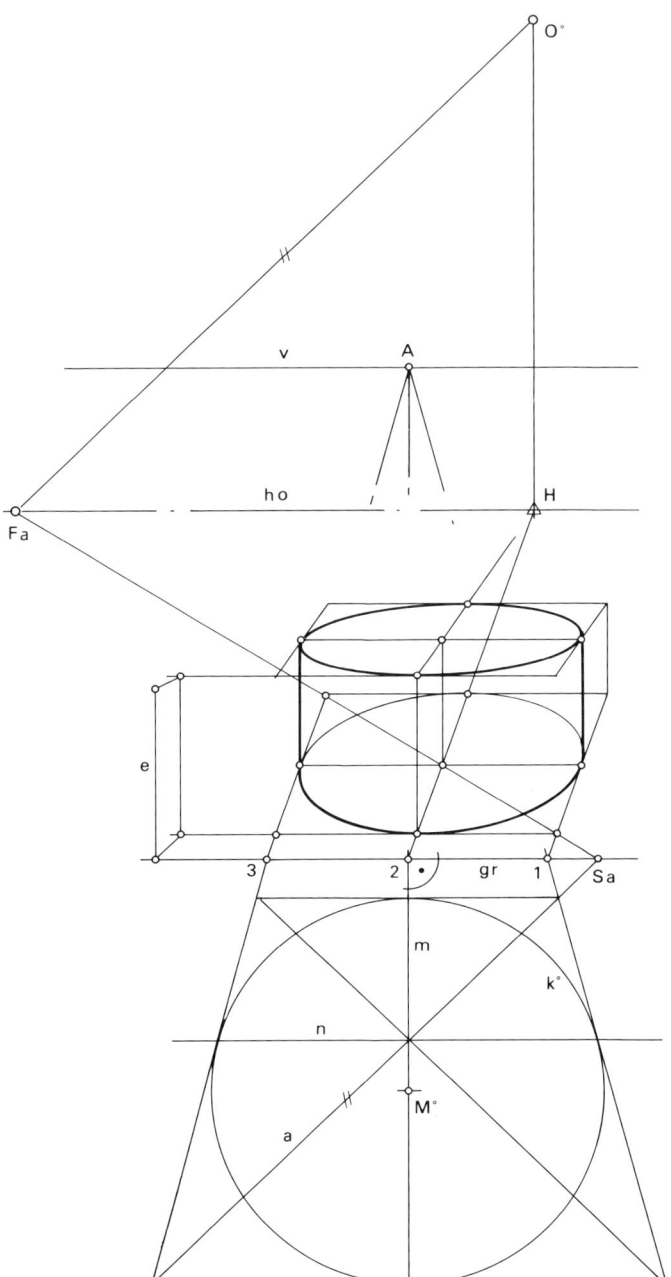

Abb. 6.24

In Abb. 6.24 ist das zentralprojektive Bild eines Zylinders zu konstruieren, dessen Abschlußkreise senkrecht übereinanderliegen. Der senkrecht zu gr und dann auch senkrecht zu v durch den Mittelpunkt $M°$ im Grundriß liegende Kreis $k°$ gehende Durchmesser m trifft in seiner Verlängerung die Verschwindungsspur v in A. Die Tangenten aus dem Pol A an den Kreis $k°$ und die zu gr parallelen Tangenten bilden das den Kreis $k°$ umschreibende Tangententrapez. Der Pol, der durch den Schnittpunkt der Diagonalen führenden Polare n liegt auf v im Unendlichen, und die Tangenten aus diesem uneigentlichen Punkt sind zu v und auch zu gr parallel. Das perspektive Bild dieses Trapezes ist ein Parallelogramm, und die durch A gehende Mittellinie m zusammen mit den beiden Tangenten erscheint dort als Parallele. Da m senkrecht zu gr ist, hat das Bild von m den Fluchtpunkt H, und die beiden Tangenten, da sie mit m den gemeinsamen Verschwindungspunkt A haben, sind dann zum Bild von m parallel. Mittels Spurpunkt S_a und Fluchtpunkt F_a der Diagonalen a kann das die Bildellipse umschreibende Parallelogramm vervollständigt werden.

Das perspektive Bild eines Kreises ist dann wieder ein Kreis, wenn seine Ebene parallel zur Bildebene ist. Denn das Bild einer zur Bildebene parallelen ebenen Figur ist dem Original ähnlich und erhält im zentralprojektiven Bild lediglich einen anderen Maßstab.

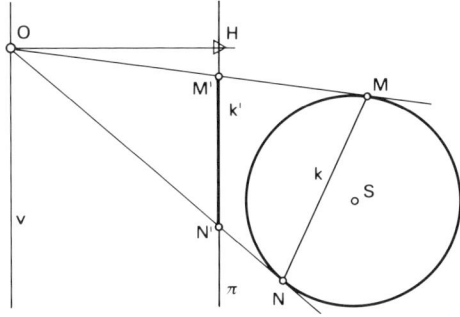

Abb. 6.25

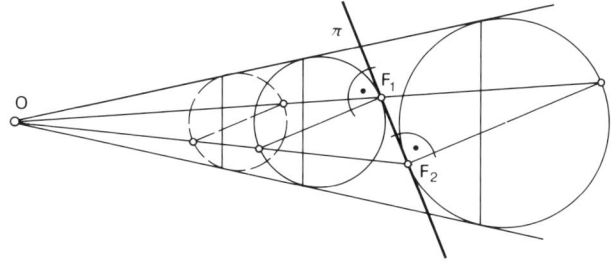

Abb. 6.26

6.7   Das Bild einer Kugel

Alle von einem Projektionszentrum O ausgehenden, eine abzubildende Kugel berührenden Projektionsstrahlen bilden einen geraden Kreiskegel, der die Kugel in einem Kleinkreis k berührt und von der Bildebene π geschnitten wird, Abb. 6.25. Je nach Lage der Kugel in bezug auf die Verschwindungsebene, schneidet die Bildebene den Sehkegel in einer Ellipse, Hyperbel oder Parabel. Der scheinbare Umriß einer Kugel kann demnach eine Ellipse, Parabel oder Hyperbel sein. Das Bild der Kugel ist jedoch ein Kreis, wenn der Hauptstrahl durch den Kugelmittelpunkt geht.

In diesem Sehkegel lassen sich aber unendlich viele Kugeln einpassen, die alle ein und dasselbe Bild haben. Zwei Kugeln sind von besonderer Bedeutung. Sie heißen Dandelinsche Kugeln und berühren die Bildebene π in je einem Punkt. Diese Berührungspunkte F_1 und F_2 sind die Brennpunkte der Bildellipse. Wie aus der Abb. 6.26 weiter zu ersehen ist, liegen auch die Bilder der Endpunkte eines zur Bildebene senkrechten Durchmessers einer beliebigen Kugel, die sich in den Berührungskegel einpassen läßt, in den Brennpunkten der Bildellipse.

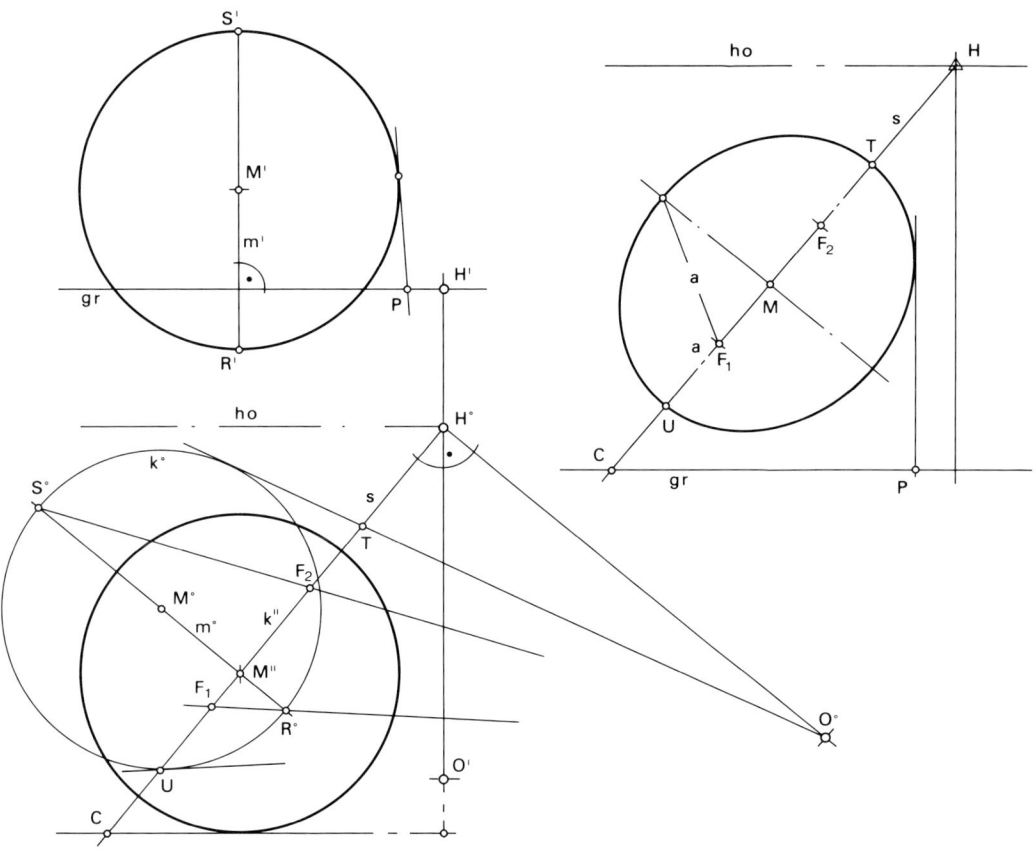

Abb. 6.27

Die im Grund- und Aufriß dargestellte Kugel der Abb. 6.27 bildet sich in ihrem Umriß perspektiv als Ellipse ab, da der Hauptstrahl nicht durch ihren Mittelpunkt geht und die Kugel die Verschwindungsebene weder berührt noch schneidet.

Der zur Bildebene senkrechte Kugeldurchmesser m, der mit den Bildern seiner Endpunkte R und S die beiden Brennpunkte der Bildellipse liefert, hat seinen Fluchtpunkt im Hauptpunkt H. Legt man durch den Kugeldurchmesser m eine Ebene, die auch das Projektionszentrum O mit dem Hauptpunkt H enthält, so schneidet diese die Kugel in einem Großkreis. Dieser Großkreis wird unverzerrt sichtbar, wenn die Ebene um ihre Bildspur s im Aufriß in die Zeichenebene gelegt wird, so daß O in O° und der Großkreis mitsamt seinem Durchmesser m° in k° zu liegen kommen. Die jetzt auf dem Großkreis sichtbaren Endpunkte R° und

S° des zur Bildebene senkrechten Kugeldurchmessers m° werden mittels Projektionsstrahlen nach O° auf die Bildspur s projiziert. Sie sind die Brennpunkte F_1 und F_2 der zu zeichnenden Bildellipse. Die Tangenten aus O° an k° legen in ihren Schnittpunkten auf s die Scheitelpunkte T und U fest. Im perspektiven Bild zeichnet man zunächst die Spur s, die durch den Hauptpunkt H läuft und die Grundlinie gr in C schneidet. Daran werden die im Aufriß gewonnenen Scheitelpunkte T,U und die Brennpunkte F_1 und F_2 unmittelbar abgetragen. Die kleine Achse des Kugelbildes geht durch den Halbierungspunkt M der Strecke T,U. Die Endpunkte der kleinen Achse werden dann von einem Kreisbogen um F_1 oder F_2 mit dem Radius a der großen Halbachse festgelegt. Mittels einer der Ellipsenkonstruktionen kann jetzt die Bildellipse gezeichnet werden.

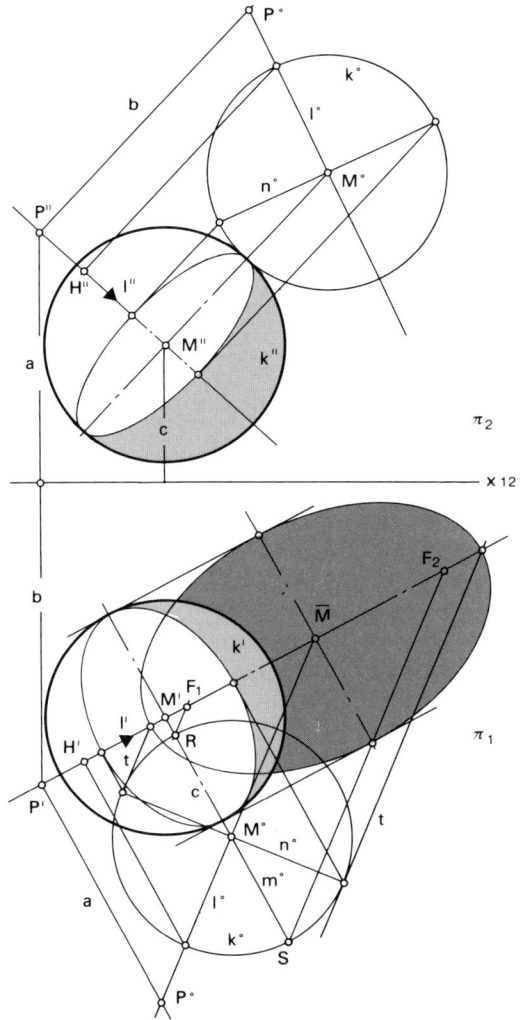

Abb. 6.28

Abb. 6.28 zeigt im Grund- und Aufriß die Konstruktion des Kugelschattens. Da eine orthogonale Projektion vorliegt, erscheint der Kugelumriß sowohl im Grundriß π_1 als auch im Aufriß π_2 als Kreis. Bei Parallelbeleuchtung bilden alle Lichtstrahlen, die die Kugelfläche berühren, einen Kreiszylinder, dessen Berührungskurve die Selbstschattengrenze auf der Kugelfläche ergibt, und der Schnitt des Lichtzylinders mit der Schattenauffangebene π_1 stellt die Schlagschattenbegrenzung des Kugelschattens dar. Diese ist eine Ellipse, deren Brennpunkte aus dem höchsten und tiefsten Kugelpunkt hervorgehen. Die Eigenschattengrenze ist ein Großkreis der Kugel, der sich in π_1 und π_2 als Ellipse abbildet.

Gang der Konstruktion: Ein beliebiger Punkt P der Lichtrichtung l' im Grundriß und l'' im Aufriß wird um l' bzw. l'' in die Grundriß- bzw. Aufrißebene gelegt, wobei man die Höhe von P – die Strecke a – senkrecht zu l' über P' abträgt. Entnimmt man noch aus dem Aufriß die Höhe des Kugelmittelpunktes – die Strecke c – und trägt sie senkrecht über M' ab, so läßt sich durch die umgelegten Punkte P' und M' die in die Grundrißebene bzw. Abrißebene gelegte Lichtrichtung ziehen, wobei im Aufriß senkrecht über P'' der Abstand b abzutragen ist. Um den in die Grundriß- bzw. Aufrißebene gelegten Kugelmittelpunkt kann jetzt der Schnittkreis gezeichnet werden, den eine durch l' bzw. l'' gelegte Ebene senkrecht zu π_1 bzw. π_2 aus der Kugel schneidet. Ein zur umgelegten Lichtrichtung senkrechter Krcisdurchmesser n° liefert in seinen Endpunkten die Scheitelpunkte der kleinen Ellipsenachse. Jetzt kann das Grundrißbild und das Aufrißbild der Selbstschattengrenze auf der Kugelfläche gezeichnet werden. Der auf l' bzw. l'' gelotete Schnittpunkt des Schnittkreises k° mit der umgelegten Lichtrichtung l° ist der Grundriß H' und der Aufriß H'' des hellsten Punktes der Kugel.

Ähnlich wie bei Zentralprojektion gelten aufgrund der Betrachtung die in den Sehkegel eingepaßten Dandelinschen Kugeln. Nur hat man es hier statt eines Sehkegels mit einem die Kugel umschließenden Lichtzylinder zu tun, wobei die Kugel ihren Schatten auf die Grundebene wirft. Allgemein kann man dann sagen: Die Brennpunkte F_1 und F_2 des elliptischen Schlagschattens einer Kugel sind die in Lichtrichtung auf die Schattenauffangebene projizierten Kugelpunkte S und R, die von der Schattenauffangebene den größten und den kleinsten Abstand haben.

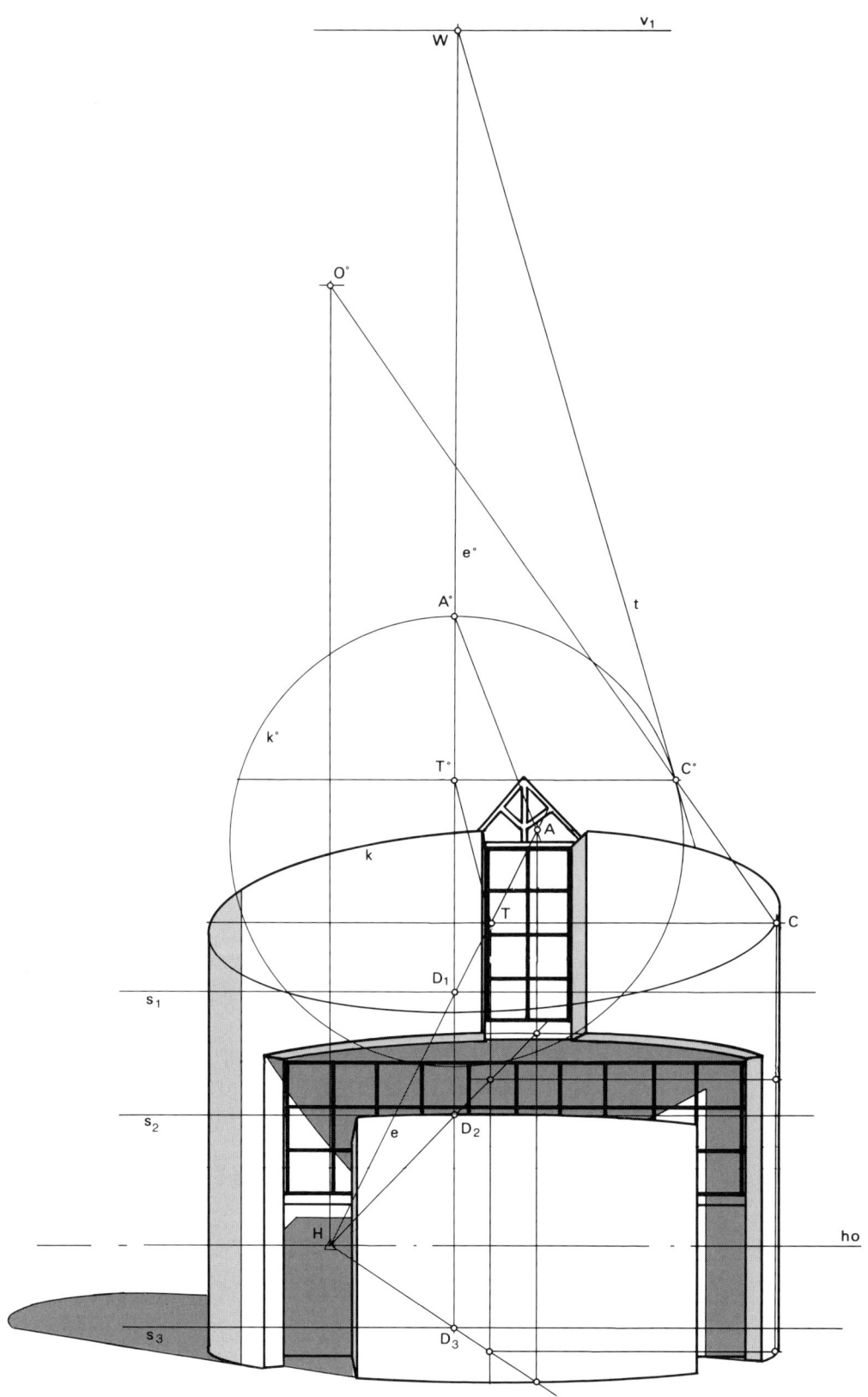

Abb. 6.29

6.8 Anwendungsbeispiele

Anwendungsbeispiel

In der Perspektive ist ein Rundhaus dargestellt. Die Kreise in den verschiedenen waagerechten Ebenen, deren Mittelpunkte senkrecht übereinander liegen, wird man nicht einzeln in die Bildebene legen, um dann deren Bilder zu konstruieren. Es genügt in diesem Fall, nur die Ebene, in der der obere Abschlußkreis des Gebäudes liegt, um ihre Bildspur s_1 in die Bildebene zu drehen. Den Ellipsenmittelpunkt T und die halben Strecken T,A und T,C der konjungierten Durchmesser bringen wir senkrecht in die darunter liegenden Ebenen, in denen weitere Kreise liegen, deren Bildspuren s_2 und s_3 sind. Die Abstände, die die Bildspuren voneinander haben, entsprechen den wahren Höhen der Kreisebenen.

Die in Abb. 6.24 gezeigte Konstruktion und die in Abb. 7.1 und 7.2 erläuterten Zusammenhänge der axialen Projektivität bringen wir hier zur Anwendung. Denn zwischen dem in die Bildebene um die Bildspur s_1 eingedrehten Kreis und seinem Bild besteht eine axiale Projektivität mit O° als Zentrum, der Fluchtspur ho, der Verschwindungsspur v_1 und der Bildspur s_1 als Achse.

Der Abstand ho,O° = s_1,v_1. Der zur Bildspur s_1 senkrechte Kreisdurchmesser e° trifft in seiner Verlängerung in W die Verschwindungsspur v_1. Eine Tangente t aus W an den Kreis k° liefert den Berührungspunkt C°. Die Kreissehne durch C° parallel zu s_1 schneidet e°

in T°. Die Kreissehne und der Kreisdurchmesser bilden sich als ein Paar konjungierter Ellipsendurchmesser ab. Das Bild des Kreisdurchmessers e hat seinen Fluchtpunkt in H und läuft durch den Spurpunkt D_1. Strahlen aus O° durch A°,T° und C° schneiden e in T und A und den durch T gezogenen Ellipsendurchmesser in C. T ist der Ellipsenmittelpunkt, T,A und T,C sind die halben Strecken des konjungierten Durchmesserpaares. Damit ist die Bildellipse vollständig bestimmt, und es lassen sich jetzt mittels der Rytzschen Achsenkonstruktion deren Achsen gewinnen.

Anwendungsbeispiel

Um den Betriebsablauf einer Brauerei zu überblikken, ist in der Perspektive das Dach zum Teil entfernt. Man wird für die Konstruktion der Perspektive zweckmäßigerweise den Grundriß einsetzen. An geeigneter Stelle legen wir im Grundriß die Achsen durch das Gebäude, sie dienen dann dazu, die vielen Strecken in das Bild zu übertragen, und wo es zweckmäßig erscheint, benutzen wir auch die Meßpunkte. Für die einzelnen Höhen bestimmen wir die Bildspuren, die ja jeweils den Originalabstand voneinander haben, so daß wir von einer Grundlinie ausgehen und die wahren Höhen der Etagen unmitelbar als Abstand

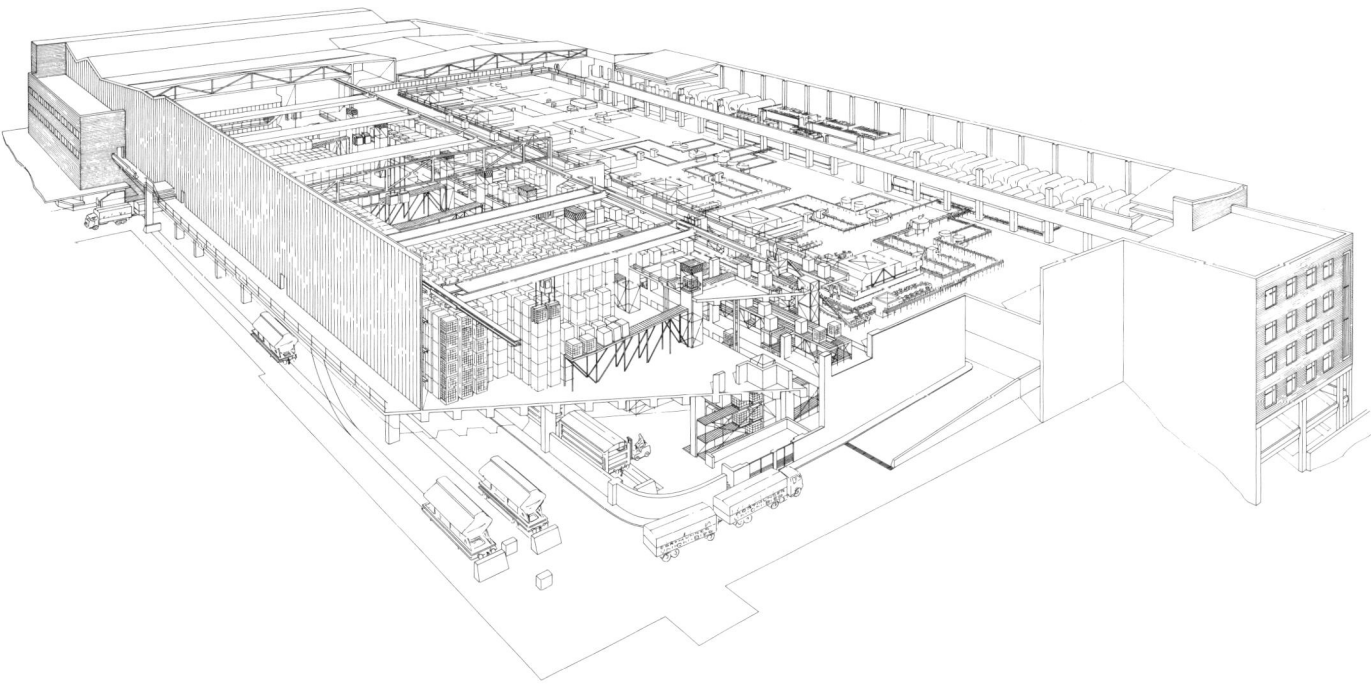

Abb. 6.30

7 Meßpunktperspektive

In Abb. 5.6 haben wir den Meßpunkt konstruiert, um Strecken maßgerecht an eine Raumgerade zu übertragen. Die Originalstrecken legen wir dort in die Bildspur der Ebene, die die Raumgerade enthält, und der Meßpunkt ist dann Fluchtpunkt aller Drehsehnen, die zur Übertragung der Originalstrecken an die Raumgerade eingesetzt werden.

Hier jedoch konstruieren wir den Meßpunkt einer Ebene, um die Bilder von ebenen Figuren zu zeichnen, die eine beliebige Raumlage haben.

7.1 Meßpunkt einer Ebene

In der anschaulichen Skizze der Abb. 7.1 sind eine Bildebene π gegeben, das Projektionszentrum O, der Hauptpunkt H und eine ebene Figur 1, 2, 3, 4. In s schneidet die Ebene, in der die Figur liegt, die Bildebene, und in f legt die Parallelebene, die O enthält, die Fluchtspur fest. Man dreht die Ebene mitsamt der in ihr liegenden Figur um ihre Bildspur s in die Bildebene, ebenso dreht man O um f als Drehachse in die Bildebene und erhält dort in M den Meßpunkt der Ebene, der auch Fluchtpunkt der Drehsehnen c ist. Es liegt jetzt eine axiale Projektivität zwischen dem perspektiven Bild und der eingedrehten Figur vor, mit der Bildspur s als Achse, dem Fluchtpunkt M als Zentrum, und die Fluchtspur f ist auch Fluchtspur der eingedrehten Ebene.

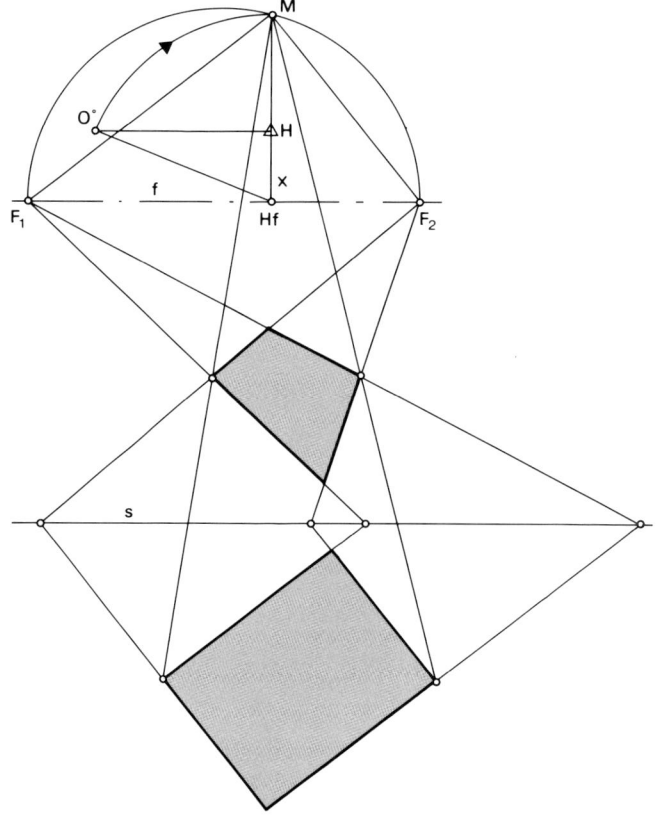

Abb. 7.2

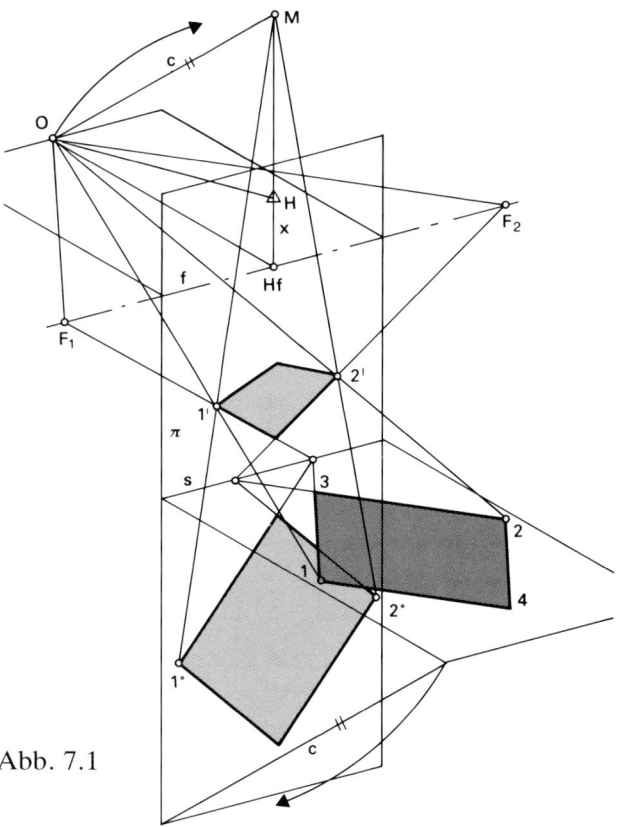

Abb. 7.1

Die Drehkreisebene, die O enthält, schneidet die Bildebene in einer Spur x, die auch durch den Hauptpunkt H geht und wird in Hf von der Fluchtspur senkrecht geschnitten. Klappt man die Drehkreisebene in die Bildebene, so entsteht M aus O° durch Drehung um Hf, Abb. 7.2, und man kann sagen: Der Meßpunkt M einer Ebene liegt auf einer Senkrechten zur Fluchtspur, die durch den Hauptpunkt H geht, und der Abstand M,Hf = Hf,O°. Parallele Ebenen haben ein und denselben Meßpunkt.

In Abb. 7.3 ist das Bild e′ einer Geraden, die Fluchtspur f, die Bildspur s einer Ebene, in der e liegt, und der Hauptpunkt H gegeben. In F hat die Gerade e ihren Fluchtpunkt. Legt man das Projektionszentrum O, das senkrecht über H den Abstand d hat, in die Bildebene, so daß O in O° zu liegen kommt, dann ist die Strecke Hf,O° = FM bzw. = F,Mf. Mf ist der Meßpunkt, von dem aus die auf der Bildspur s abgetragene Originalstrecke a an das Bild von e zu übertragen ist. Da man die Raumgerade in eine beliebige Ebene legen kann, hat eine Gerade nicht nur einen Meßpunkt, sondern der Kreisbogen mit dem Mittelpunkt F und dem Radius Hf,O° ist der Ort beliebig vieler Meßpunkte.

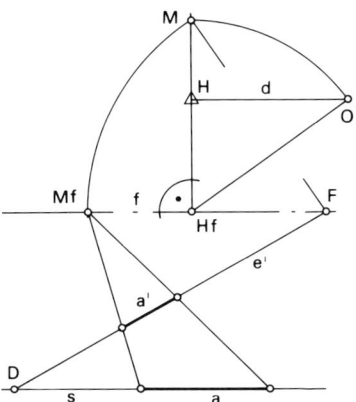

Abb. 7.3

7.2 Normale einer Ebene

Die Ermittlung des Fluchtpunktes einer Normalen zu einer Ebene allgemeiner Lage zeigt die anschauliche Skizze der Abb. 7.5. Ein Strahl durch O, der zur Normalen n einer Ebene parallel ist, trifft in Fn die Bildebene. Fn ist der Fluchtpunkt aller zur Ebene senkrechten Geraden. Der Parallelstrahl liegt in der Drehkreisebene, er ist senkrecht zu der Geraden O,Hf und läßt sich in der umgelegten Drehkreisebene sofort einzeichnen. Der Parallelstrahl schneidet sich dann mit der Senkrechten auf f durch Hf,H im gesuchten Fluchtpunkt Fn, Abb. 7.6.

Abb. 7.4. Die Bildgerade e mit ihrem Fluchtpunkt F und ihrem Spurpunkt D liegt in einer Ebene, die mit ihrer Fluchtspur f_1 und ihrer Bildspur s_1 bestimmt ist; der dazugehörende Meßpunkt M_1 der Geraden e liegt im Schnittpunkt des Kreises mit F als Mittelpunkt und HF,O° als Radius – verkleinert abgebildet. Eine beliebige zweite Ebene mit f_2 durch F und s_2 durch D hat dann den Meßpunkt von e in M_2.

Die Originalstrecke a, die sowohl auf s_1 als auch auf s_2 abgetragen werden kann, ist jetzt mittels Strahlen an M_1 bzw. M_2 maßgerecht an die Bildgerade e zu überführen.

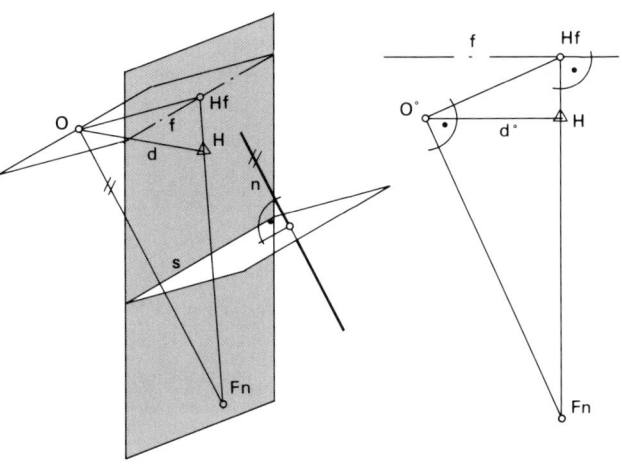

Abb. 7.5   Abb. 7.6

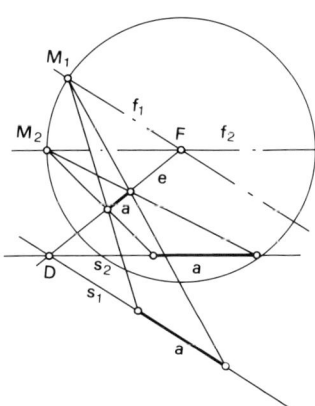

Abb. 7.4

7.3 Perspektive bei geneigter Bildebene

Wir haben vorzugsweise räumliche Figuren gewählt, deren Grundriß in einer zur Bildebene senkrechten Grundebene liegt, und die zur Grundebene senkrechten Kanten der Figuren sind dann zur Bildebene parallel und bilden sich wiederum als Parallele ab. Jetzt wollen wir den allgemeinen Fall untersuchen, und dazu wählen wir eine Figur beliebiger Raumlage.

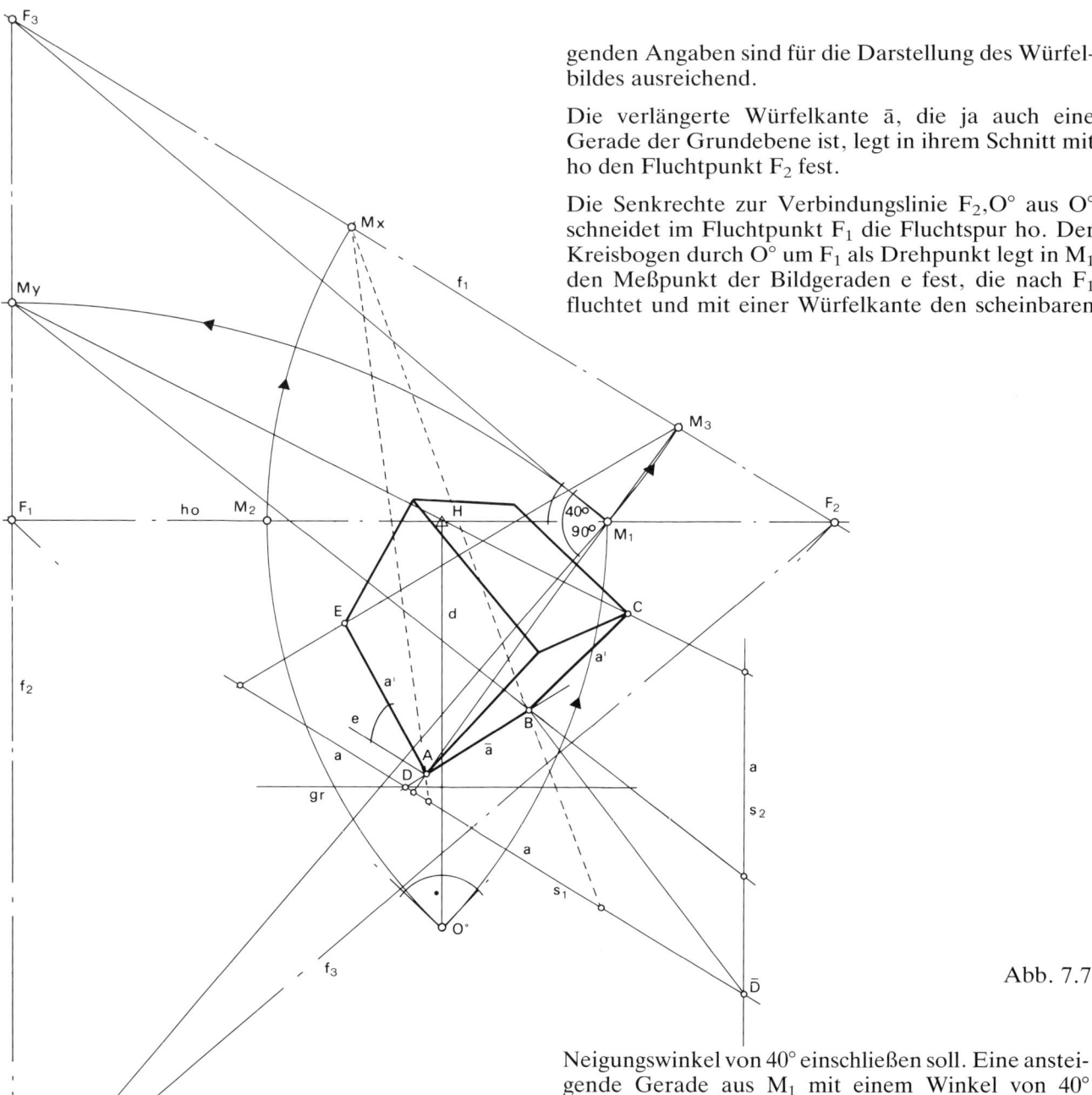

genden Angaben sind für die Darstellung des Würfel-
bildes ausreichend.

Die verlängerte Würfelkante ā, die ja auch eine
Gerade der Grundebene ist, legt in ihrem Schnitt mit
ho den Fluchtpunkt F_2 fest.

Die Senkrechte zur Verbindungslinie $F_2,O°$ aus $O°$
schneidet im Fluchtpunkt F_1 die Fluchtspur ho. Der
Kreisbogen durch $O°$ um F_1 als Drehpunkt legt in M_1
den Meßpunkt der Bildgeraden e fest, die nach F_1
fluchtet und mit einer Würfelkante den scheinbaren

Abb. 7.7

Neigungswinkel von 40° einschließen soll. Eine ansteigende Gerade aus M_1 mit einem Winkel von 40°
gegenüber ho schneidet die Senkrechte durch F_1 in F_3;
F_3 ist der Fluchtpunkt der Würfelkanten, die zur
Grundebene einen Winkel von 40° einnehmen. Eine
weitere Gerade aus M_1 mit einem Winkel von 90°
gegenüber der Geraden M_1F_3 schneidet in F_4 die
Senkrechte durch F_1. F_2, F_3 und F_4 sind die Fluchtpunkte der zueinander senkrechten Würfelkanten,
und die Verbindungslinien f_1, f_2 und f_3 sind die Fluchtspuren der Ebenen, in denen die Würfelflächen liegen. Die Bildspuren dieser Ebenen sind zu ihren
Fluchtspuren parallel und laufen durch Spurpunkte.
Die gegebene Würfelkante ā ist eine Gerade sowohl
der Grundebene als auch der Ebene mit der Fluchtspur f_1. Die verlängerte Kante ā schneidet in ihrem
Spurpunkt D die Grundlinie gr. Durch D parallel zu f_1
verläuft dann die Bildspur s_1. Eine Linie aus F_3 durch

In Abb. 7.7 ist das Bild eines Würfels zu konstruieren,
der um 40° gegenüber der Grundebene um seine
Kante ā gedreht ist. Gegeben sind die Bildspur gr, die
Fluchtspur ho einer Grundebene, der Hauptpunkt H,
das in die Bildebene gelegte Projektionszentrum $O°$
und das Bild ā der Kante des zu zeichnenden Würfels.
Die Aufgabe läßt sich zurückführen auf die Festlegung einer Ebene beliebiger Lage und deren Normale, an die eine Strecke maßgerecht zu übertragen ist.
Wir verzichten auf einen Grundriß, denn die vorlie-

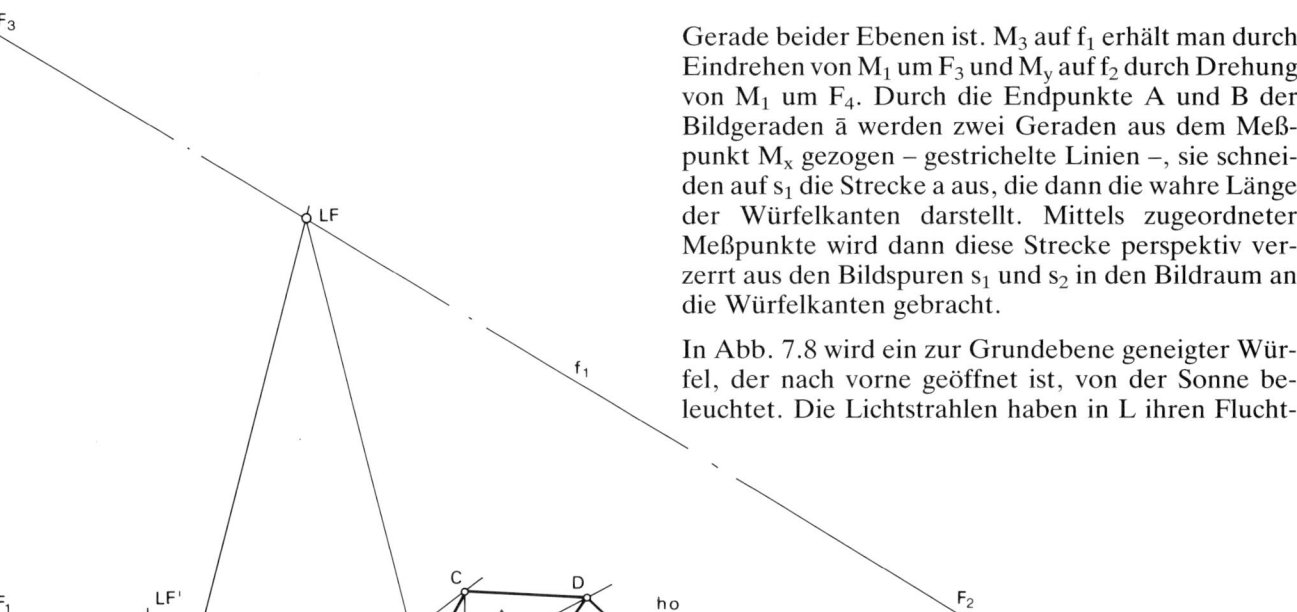

Gerade beider Ebenen ist. M_3 auf f_1 erhält man durch Eindrehen von M_1 um F_3 und M_y auf f_2 durch Drehung von M_1 um F_4. Durch die Endpunkte A und B der Bildgeraden $\bar{a}$ werden zwei Geraden aus dem Meßpunkt M_x gezogen – gestrichelte Linien –, sie schneiden auf s_1 die Strecke a aus, die dann die wahre Länge der Würfelkanten darstellt. Mittels zugeordneter Meßpunkte wird dann diese Strecke perspektiv verzerrt aus den Bildspuren s_1 und s_2 in den Bildraum an die Würfelkanten gebracht.

In Abb. 7.8 wird ein zur Grundebene geneigter Würfel, der nach vorne geöffnet ist, von der Sonne beleuchtet. Die Lichtstrahlen haben in L ihren Flucht-

Abb. 7.8

punkt, und der Fußpunkt LF auf einer Schattenauffangebene liegt bei Sonnenbeleuchtung auf ihrer Fluchtspur, und zwar im Schnittpunkt einer durch L gehenden Normalen zu dieser Ebene. Der Würfelboden, auf den Schatten fällt, liegt in einer Ebene, die in f_1 ihre Fluchtspur und in s_1 ihre Bildspur hat. Die Normale dieser Ebene fluchtet nach F_4. Eine Gerade aus F_4 durch L bestimmt also in LF auf f_1 den Fußpunkt von L auf dieser Schattenauffangebene. Eine Gerade aus E nach LF und ein Lichtstrahl durch A schneiden sich im Schattenpunkt $\bar{A}$. Da die Kante A,B zur Schattenauffangebene parallel ist, fluchtet der Schatten von A,B in den gemeinsamen Fluchtpunkt F_2. Der Schatten wird in seinem Verlauf von einer senkrechten Würfelfläche unterbrochen und endet in B. Der Lichtfußpunkt LF′ auf der Grundebene liegt auf ho im Schnittpunkt einer Senkrechten durch L. Da die Normale zur Grundebene parallel zur Bildebene verläuft, hat sie keinen erreichbaren Fluchtpunkt und steht also senkrecht auf ho. Die Gerade aus LF′ durch den Fußpunkt G′ und ein Lichtstrahl durch G treffen sich im Schattenpunkt $\bar{G}$. Nach diesem Verfahren findet man die übrigen eingezeichneten Schattenpunkte auf der Grundebene, durch die dann die Begrenzung des Schattens zu zeichnen ist, den der Würfel auf diese wirft.

den Endpunkt B von $\bar{a}$ schneidet als gemeinsame Gerade zweier Ebenen im Spurpunkt $\bar{D}$ die Bildspur s_1. Die Parallele zu f_2 durch $\bar{D}$ ist dann die Bildspur s_2. Jetzt sind die Ebenen mit ihren Bild- und fluchtspuren festgelegt, und wir benötigen noch zum maßgerechten Übertragen von Strecken die Meßpunkte. Drehen wir die Strecke $F_2O°$ um F_2, so erhalten wir auf ho den Meßpunkt M_2 der Bildstrecke $\bar{a}$. M_x und M_2 liegen auf ho bzw. auf f_1 in den Schnittpunkten eines Kreisbogens mit dem Radius $F_2O°$, weil $\bar{a}$ eine gemeinsame

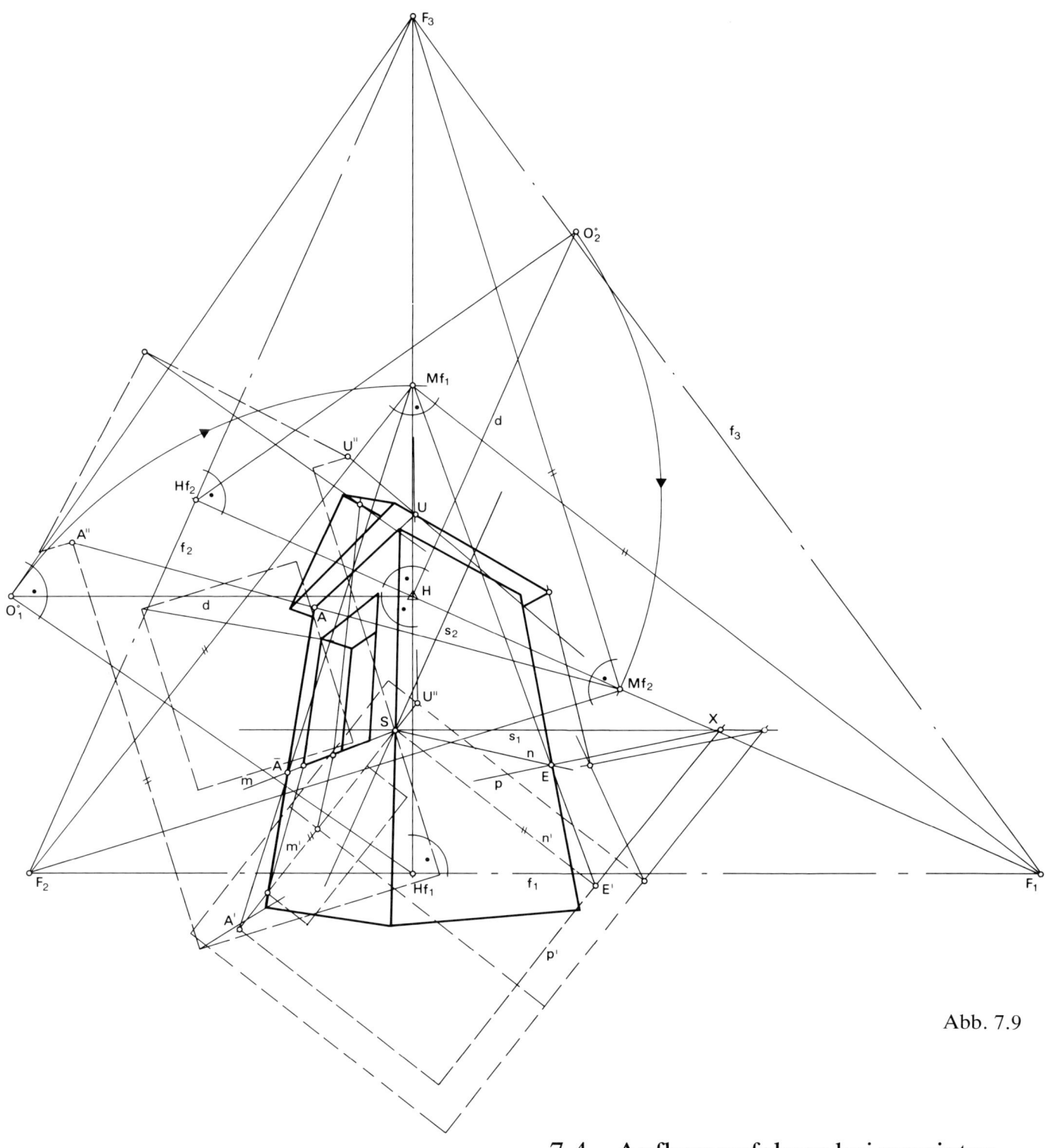

Abb. 7.9

7.4 Aufbauverfahren bei geneigter Bildebene

Gegeben sind in Abb. 7.9 der Hauptpunkt H, die Fluchtspur f_1 und die Bildspur s_1 einer beliebigen Ebene Ω. Zu konstruieren ist das Bild eines Gebäudes, das von dieser Ebene waagerecht geschnitten wird. Die kleine Skizze der Abb. 7.10 gibt als Schnittzeichnung die Lage der Ebene Ω wieder. Die Hauptblickrichtung ist nach oben gerichtet, und senkrecht zu ihr angeordnet ist die Bildebene. Keine der Gebäudekanten sind zur Bildebene parallel, und demnach haben alle Kanten einen erreichbaren Fluchtpunkt.

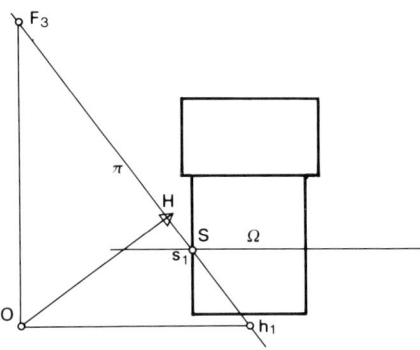

Abb. 7.10

Die in Abb. 7.1 und 7.2 gefundenen Zusammenhänge der axialen Projektivität wollen wir hier anwenden und schrittweise aufbauend vorgehen. Zunächst legen wir die Ebene Ω um ihre Spur s_1 in die Bildebene und zeichnen dort den Grundriß bzw. den Gebäudeschnitt – gestrichelte Linien. Auf der Fluchtspur f_1 errichten wir eine durch H gehende Senkrechte. Das senkrecht über H liegende Projektionszentrum, das einen beliebigen Abstand d haben soll, wird in die Bildebene gelegt, so daß es in $O°_1$ zu liegen kommt, und der Meßpunkt Mf_1 der Ebene entsteht aus $O°_1$ durch Drehung um Hf_1. Mit dieser Operation hat man die Parallelebene zu Ω mitsamt dem Projektionszentrum

O um ihre Fluchtspur in die Bildebene gelegt. Die Parallelstrahlen zu den beiden Hauptrichtungen m' und n' aus Mf_1 bestimmen in F_1 und F_2 auf f_1 deren Fluchtpunkte. Der Fluchtpunkt F_3 der zu Ω senkrechten Gebäudekanten liegt im Schnittpunkt einer aus $O°_1$ gehenden und zu $O°_1$, Hf_1 senkrechten Geraden mit der durch H laufenden Senkrechten zu f_1; siehe auch Abb. 7.5 und 7.6. F_1, F_2 und F_3 sind die Fluchtpunkte und die Verbindungslinien f_1, f_2 und f_3 die Fluchtspuren der zueinander senkrechten Gebäudekanten bzw. Ebenen, die sie aufspannen, und bilden zusammen das Fluchtpunktdreieck.

Die Ebene, die von den Kanten aufgespannt wird, die nach F_2 und F_3 fluchten, und die auch die Gebäudeöffnung enthält, wird um ihre Bildspur s_2 in die Bildebene gelegt, wobei S als Spurpunkt angenommen wird. Die Wiederholung der Operation, die Mf_1 geliefert hat, bringt uns auch den Meßpunkt Mf_2, der auf einer Senkrechten zu f_2 durch H liegt. Eingepaßt in die Parallelen zu den Strahlen aus Mf_2 nach F_3 und F_2 kann der Aufriß des Gebäudes gezeichnet werden. Führt man jetzt gleichbedeutende Punkte aus dem Aufriß und aus dem Grundriß mittels Strahlen aus Mf_2 bzw. Mf_1 zusammen, so ergeben sie jeweils Bildpunkte. Dabei ist zu beachten, daß der Grundriß und der Aufriß jeweils eine Ebene wiedergeben, die um s_2 bzw. s_1 eine Drehung erfahren hat und im Bild axial projektiv nur mit der ihr zugeordneten Ebene verbunden ist. In den Bildgeraden m und n, die sich im Spurpunkt S treffen, wird das Gebäude von der Ebene Ω geschnitten. Der Schnitt ist als Grundriß in m' und n' wiedergegeben.

Die Punkte E' und A' wurden mittels Strahlen aus Mf_1 an die Bildgeraden m und n gebracht, und durch A und E laufen in Richtung F_3 die Bilder von senkrechten Gebäudekanten. Der Punkt A'' im Aufriß wird mit einem Strahl aus Mf_2 als A in das Bild übernommen. Nach diesem Verfahren, das an weiteren Punkten zu verfolgen ist, kann das Bild des Gebäudes gezeichnet werden.

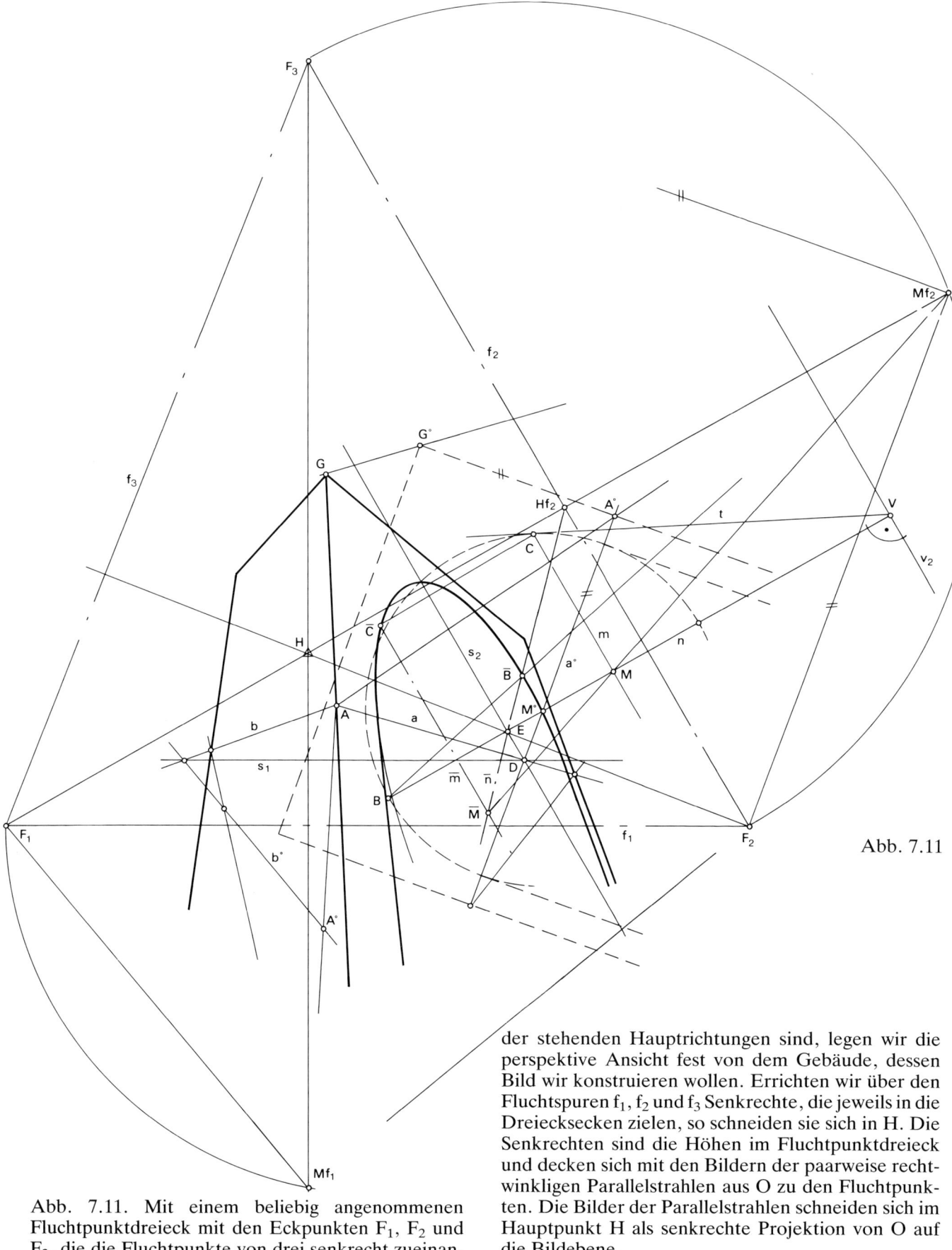

Abb. 7.11

Abb. 7.11. Mit einem beliebig angenommenen Fluchtpunktdreieck mit den Eckpunkten F_1, F_2 und F_3, die die Fluchtpunkte von drei senkrecht zueinan-

der stehenden Hauptrichtungen sind, legen wir die perspektive Ansicht fest von dem Gebäude, dessen Bild wir konstruieren wollen. Errichten wir über den Fluchtspuren f_1, f_2 und f_3 Senkrechte, die jeweils in die Dreiecksecken zielen, so schneiden sie sich in H. Die Senkrechten sind die Höhen im Fluchtpunktdreieck und decken sich mit den Bildern der paarweise rechtwinkligen Parallelstrahlen aus O zu den Fluchtpunkten. Die Bilder der Parallelstrahlen schneiden sich im Hauptpunkt H als senkrechte Projektion von O auf die Bildebene.

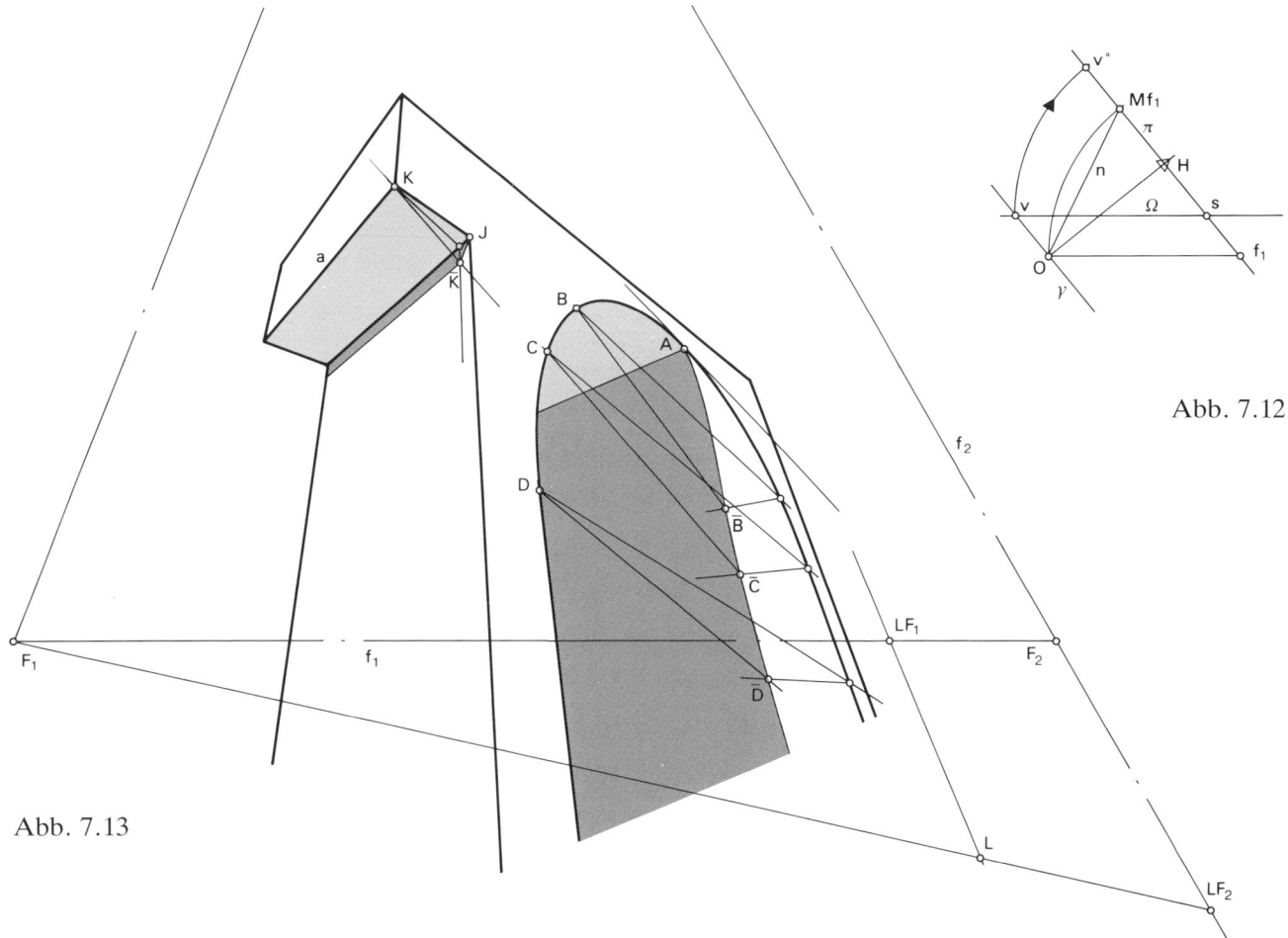

Abb. 7.12

Abb. 7.13

Über den Fluchtpunkten F_2 und F_3 auf der Fluchtspur f_2 errichten wir einen Thaleskreis, der von der Senkrechten zu f_2 durch H in Mf_2 geschnitten wird. Mf_2 ist der Meßpunkt einer Ebene, die wir um eine beliebig angenommene Bildspur s_2 in die Bildebene legen, und in die wir die Vorderansicht eines Torbogens skizzieren – gestrichelte Linien. Mit der Wahl von s_2, parallel zu f_2, haben wir die Bildebene in ihrer Lage und somit auch den Maßstab der zu konstruierenden Perspektive festgelegt. Die rechtwinklig zueinander verlaufenden Kanten des Torbogens in der Skizze sind parallel zu den aus Mf_2 nach F_2 bzw. F_3 strebenden Parallelstrahlen zu zeichnen. Mit den Bildern a und b zweier sich in A schneidenden, beliebig angenommenen Geraden, haben wir im Bild auch die Lage des Gebäudes bestimmt. Die Bildgerade a hat in D ihren Spurpunkt und a° ist ihre Umlegung in die Bildebene. Auf a° legen wir auch den Mittelpunkt des Kreisbogens, dessen konjungiertes Durchmesserpaar wir finden wollen. Dazu benötigen wir die Verschwindungsspur v_2 der in die Bildebene gelegten Ebene. Abb. 7.12 gibt in einer Seitenansicht die Umlegung einer Ebene Ω wieder um ihre Bildspur s in eine zu ihr schräge Bildebene π. Das Projektionszentrum O liegt in der zu π parallelen Verschwindungsebene γ, die Verschwindungsspur v liegt dann in v°, und der Abstand $Mf_1,f_1 = s,v°$.

Der durch den Kreismittelpunkt M° in Abb. 7.11 gelegte Durchmesser n trifft die Verschwindungsspur v_2 in V senkrecht und schneidet in E die Bildspur s_2. Das Bild $\bar{n}$, das seinen Fluchtpunkt in Hf_2 hat, ist ein konjungierter Durchmesser der Bildellipse. Durch den Berührungspunkt C einer Tangente t aus V an den Kreis wird die zu v_2 parallele Kreissehne m gezogen, deren Bild $\bar{m}$, das zu m parallel ist und durch den Ellipsenmittelpunkt $\bar{M}$ läuft, ist der zweite konjungierte Durchmesser. Damit ist die Bildellipse ausreichend bestimmt.

Der Lichtfluchtpunkt L in Abb. 7.13 ist frei gewählt, und der Lichtfußpunkt einer Ebene liegt auf ihrer Fluchtspur dort, wo sie von einer zu dieser Ebene Senkrechten durch L geschnitten wird. Eine Gerade aus F_1 durch L bestimmt in LF_2 den Lichtfußpunkt der Ebene, in welcher der Abschlußkreisbogen des Gewölbes liegt, dessen Schatten wir zeichnen wollen. Die Selbstschattengrenze läuft durch den Berührungspunkt A einer Tangente aus LF_2 an den Bogen und hat die Richtung F_1. B wirft seinen Schatten nach $\bar{B}$. Diesen Schattenpunkt erhält man als Schnittpunkt eines Lichtstrahls durch B mit der Spur einer Hilfsebene, die den Zylinder des Gewölbes und die Ebene, der LF_2 zugeordnet ist, in Spuren schneidet. Der Eckpunkt K hat seinen Schatten in $\bar{K}$ auf der Seitenwand

81

des Torbogens. Der Lichtfußpunkt der Ebene, in welcher die Seitenwand liegt, ist auf der Zeichenfläche nicht mehr erreichbar. Wir bestimmen den Lichtfußpunkt LF$_1$ auf f$_1$, der Ebene, welche die Kanten a und K, J enthält. Ein Lichtstrahl durch K trifft in $\bar{K}$ die Senkrechte zur Kehllinie über dem Schnittpunkt einer Geraden aus K in Richtung LF$_1$.

7.5 Axonometrische Perspektive

Die Raumlage eines Punktes läßt sich auch bestimmen, wenn seine Entfernungen von drei zueinander senkrechten Ebenen bekannt sind, Abb. 7.14. Die horizontale Ebene α schneidet die senkrechte Ebene β in der x-Achse, die zweite senkrechte Ebene γ in der y-Achse, die beiden senkrechten Ebenen β und γ legen die z-Achse fest, und alle drei Ebenen bilden den gemeinsamen Nullpunkt O. Die Schnittgeraden der drei Ebenen stellen ein Koordinatensystem her von drei senkrecht zueinander stehenden Achsen.

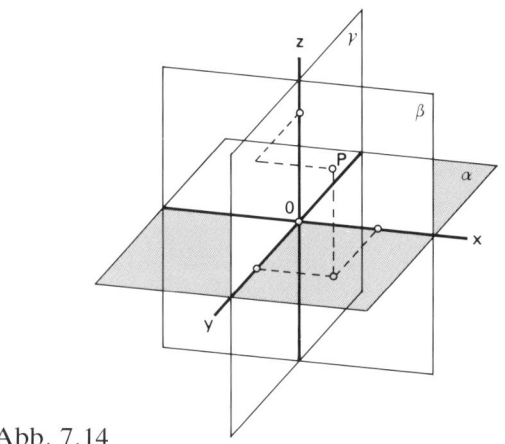

Abb. 7.14

Man bringt einen abzubildenden Gegenstand mit dem rechtwinkligen Achsenkreuz in Beziehung. Die x,y-Ebene kann dann als die Grundebene angesehen werden und die z-Achse als die Normale zu dieser Ebene. Das ganze System, mitsamt dem Gegenstand, bilden wir auf eine Bildebene ab, deren Lage in der Regel zu keiner der Achsen parallel ist. Dabei bilden die Fluchtpunkte F$_x$, F$_y$ und F$_z$ der drei Koordinatenachsen ein Fluchtpunktdreieck, dessen Seiten die Fluchtspuren der Koordinatenebenen sind. Projiziert man den Nullpunkt O senkrecht auf die Bildebene, so deckt sich dessen Bild mit dem Hauptpunkt H. Die Koordinatenebenen schneiden sich mit der Bildebene in den Spuren s$_1$, s$_2$ und s$_3$, die zu ihren Fluchtspuren parallel sind. Die Bilder der Koordinatenachsen x', y' und z' gehen durch ihre Spur- und Fluchtpunkte und fallen mit den Höhen im stets spitzwinkligen Flucht-

punktdreieck zusammen. Abb. 7.15 zeigt diesen Vorgang anschaulich, während Abb. 7.16 die in die Zeichenebene gelegte Bildebene mit den Bildern der Achsen darstellt. Jetzt lassen sich alle Figuren, die in den Koordinatenebenen liegen, perspektivisch zeichnen. Man hat dazu noch die Meßpunkte der Koordinatenebenen zu bestimmen.

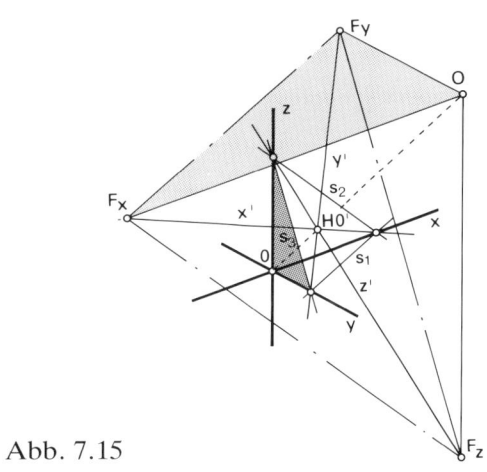

Abb. 7.15

Abb. 7.17. Der jeweilige Meßpunkt der Koordinatenebenen entsteht durch Drehung des Projektionszentrums O um die Fluchtspuren in die Bildebene; Mxy ist der Meßpunkt der xy-Ebene, Mxz der xz-Ebene und Myz der yz-Ebene. Die Meßpunkte haben jeweils ihren Ort auf einem Thaleskreis über den Fluchtpunkten dort, wo der Thaleskreis von der Höhelinie aus dem gegenüberliegenden Fluchtpunkt geschnitten wird. Die in die Bildebene gelegten Ebenen enthalten auch die in die Fluchtpunkte zielenden Parallelstrahlen. Daraus ergibt sich als Ort des umgelegten Projektionszentrums der Thaleskreis, denn die Parallelstrahlen bilden rechte Winkel, gehen durch die Endpunkte des Kreisdurchmessers, und somit ist ihr Schnittpunkt ein Punkt des Kreisbogens.

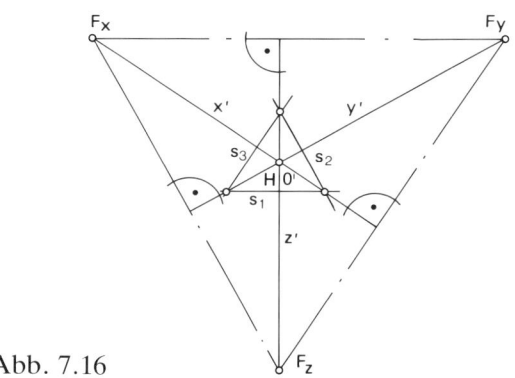

Abb. 7.16

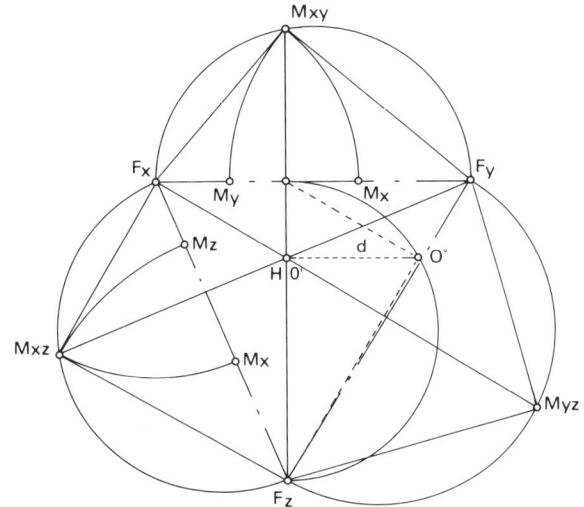

Abb. 7.17

Bei unseren Überlegungen haben wir den speziellen Fall angenommen, daß der senkrecht auf die Bildebene gerichtete Hauptstrahl aus dem Projektionszentrum auch den Nullpunkt O des Koordinatensystems trifft. Projizieren wir den Nullpunkt O in einer beliebigen Richtung auf die Bildebene, so erhalten wir den allgemeinen Fall der axonometrischen Perspektive. Der Hauptpunkt H fällt dann nicht mehr mit dem Bild von O zusammen, Abb. 7.18. Die Fluchtpunkte Fx, Fy, Fz der Koordinatenachsen sind frei gewählt, und den Hauptpunkt H erhält man dann als Schnittpunkt der Höhenlinien im Fluchtpunktdreieck. Die beliebig angenommenen Bildspuren, jeweils parallel zu den Fluchtspuren, legen den Koordinatenursprung in seiner Lage in bezug zur Bildebene fest. Die Bilder der Koordinatenachsen x, y, z laufen durch die Schnittpunkte Dx, Dy, Dz der Bildspuren in Richtung ihrer Fluchtpunkte. Um einen beliebigen Punkt P im Bild zu bestimmen, bilden wir den zugehörigen Koordinatenquader mit ab. Gang der Konstruktion: Mit Hilfe der Meßpunkte Mx, My, Mz der Koordinatenachsen wird der Nullpunkt O jeweils als O′, O″, O‴ auf die entsprechenden Bildspuren übertragen und die Strecke a, die die Entfernung von P zu den Koordinatenebenen ausdrückt, daran abgetragen und in Richtung zum entsprechenden Meßpunkt an die Achsbilder gebracht.

Die Meßpunkte der Koordinatenachsen erhält man durch Eindrehen der Ebenen-Meßpunkte um ihre Fluchtpunkte auf den Fluchtspuren. Die Distanz d geht aus der Umlegung einer Ebene in die Bildebene hervor, die O und H enthält und senkrecht auf der Bildebene steht. Der Ort von O° ist wieder ein Thaleskreis, weil der in der Ebene liegende Parallelstrahl nach F_z eine Normale zur xy-Ebene ist – gestrichelte Linien.

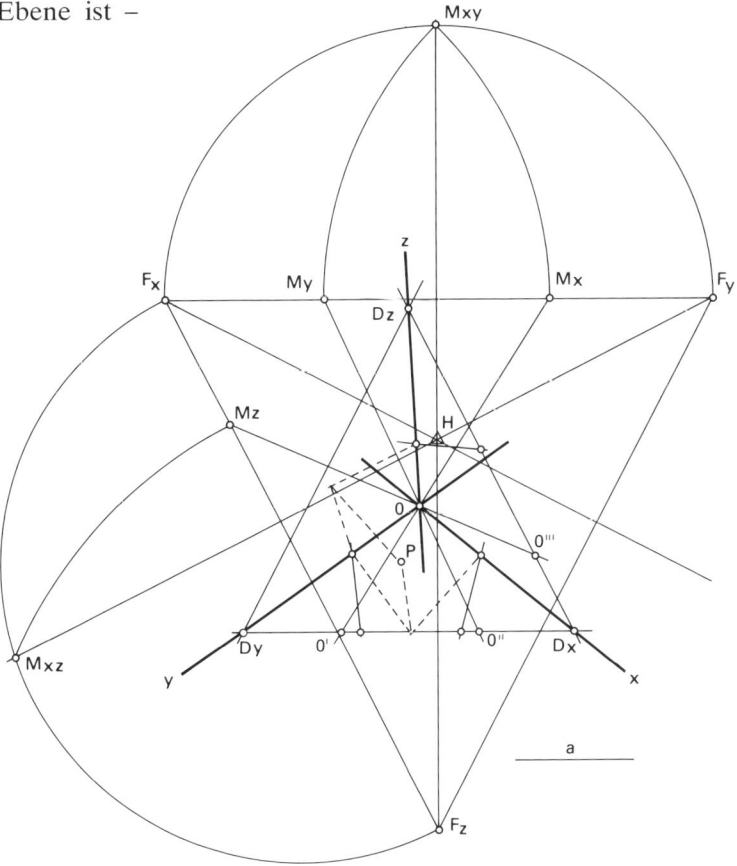

Abb. 7.18

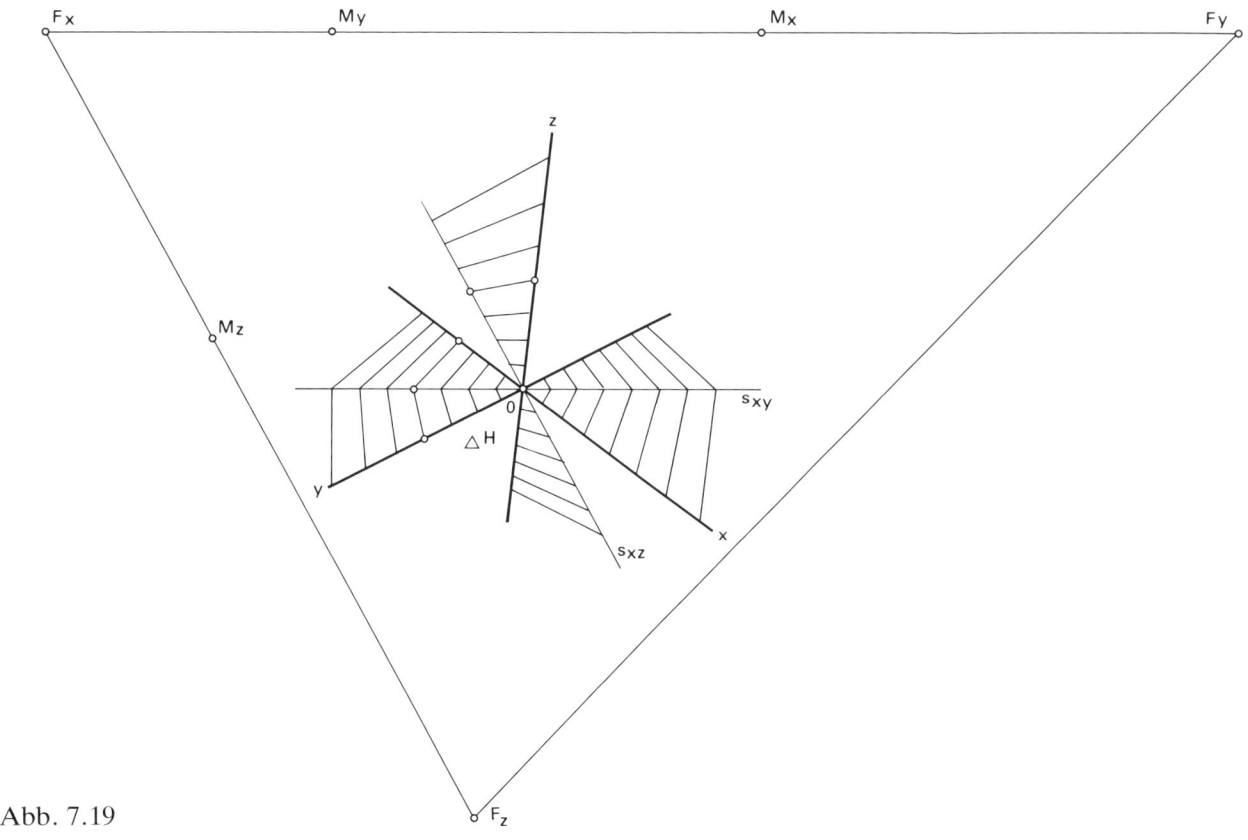

Abb. 7.19

In der folgenden Konstruktionsanordnung findet die axonometrische Perspektive ihre Anwendung, Abb. 7.19. Wir beginnen mit einer Vorbereitungsskizze, indem wir die drei Fluchtpunkte Fx, Fy, Fz eines Koordinatensystems frei wählen. An beliebiger Stelle nehmen wir den Nullpunkt O des Systems als in der Bildebene liegend an und zeichnen die Bilder der Koordinatenachsen x, y, z. Um das Übertragen von Punkten in den Bildraum zu vereinfachen, versehen wir die Koordinatenachsen mit perspektiv verzerrten Maßskalen.

Mittels der Höhenlinien im Fluchtpunktdreieck finden wir den Hauptpunkt H und bestimmen auf den Fluchtspuren die Meßpunkte Mx, My, Mz der Koordinatenachsen. Auf den Bildspuren, die parallel zu den Fluchtspuren durch den Nullpunkt O gehen, tragen wir eine beliebige Maßeinteilung ab, die natürlich als Bildmaßstab in ein Verhältnis zur wirklichen Größe des Objektes gebracht werden kann. Mit Hilfe der Meßpunkte werden diese Maßeinteilungen perspektiv verzerrt auf die Achsen übertragen. Auf die vorbereitete Skizze, Abb. 7.20, die wir auch vergrößert auf einen festen Karton zeichnen können, legen wir ein Transparentpapier und konstruieren eine Perspektive, indem wir die Abstände der Bildpunkte von den Koordinatenebenen unmittelbar an den Achsbildern abtragen können. Man erleichtert sich das Zeichnen, wenn man in die Fluchtpunkte Nadeln steckt, an denen das Lineal angelegt werden kann. Es ist auch zu überlegen, an welcher Stelle im abzubildenden Körper der Nullpunkt O zu legen ist. Diese Vorrichtung läßt sich beliebig oft verwenden. Man hat auch die Möglichkeit, sechs verschiedene Ansichten eines Gegenstandes zu konstruieren, denn das Koordinatensystem hat drei Bezugsebenen, von denen jeweils eine als Grundebene aufgefaßt werden kann, die eine Drauf- und eine Druntersicht gestattet.

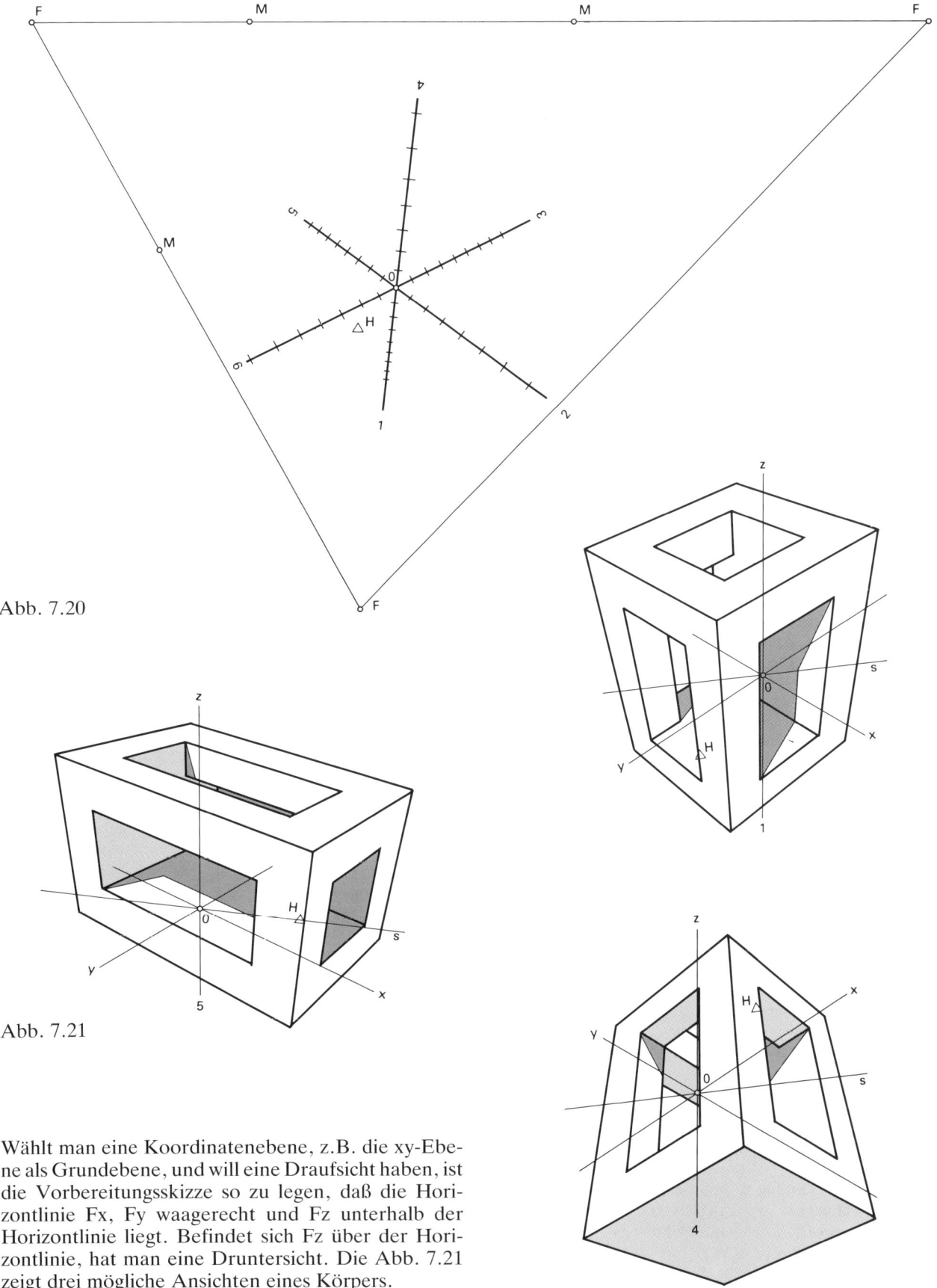

Abb. 7.20

Abb. 7.21

Wählt man eine Koordinatenebene, z.B. die xy-Ebene als Grundebene, und will eine Draufsicht haben, ist die Vorbereitungsskizze so zu legen, daß die Horizontlinie Fx, Fy waagerecht und Fz unterhalb der Horizontlinie liegt. Befindet sich Fz über der Horizontlinie, hat man eine Druntersicht. Die Abb. 7.21 zeigt drei mögliche Ansichten eines Körpers.

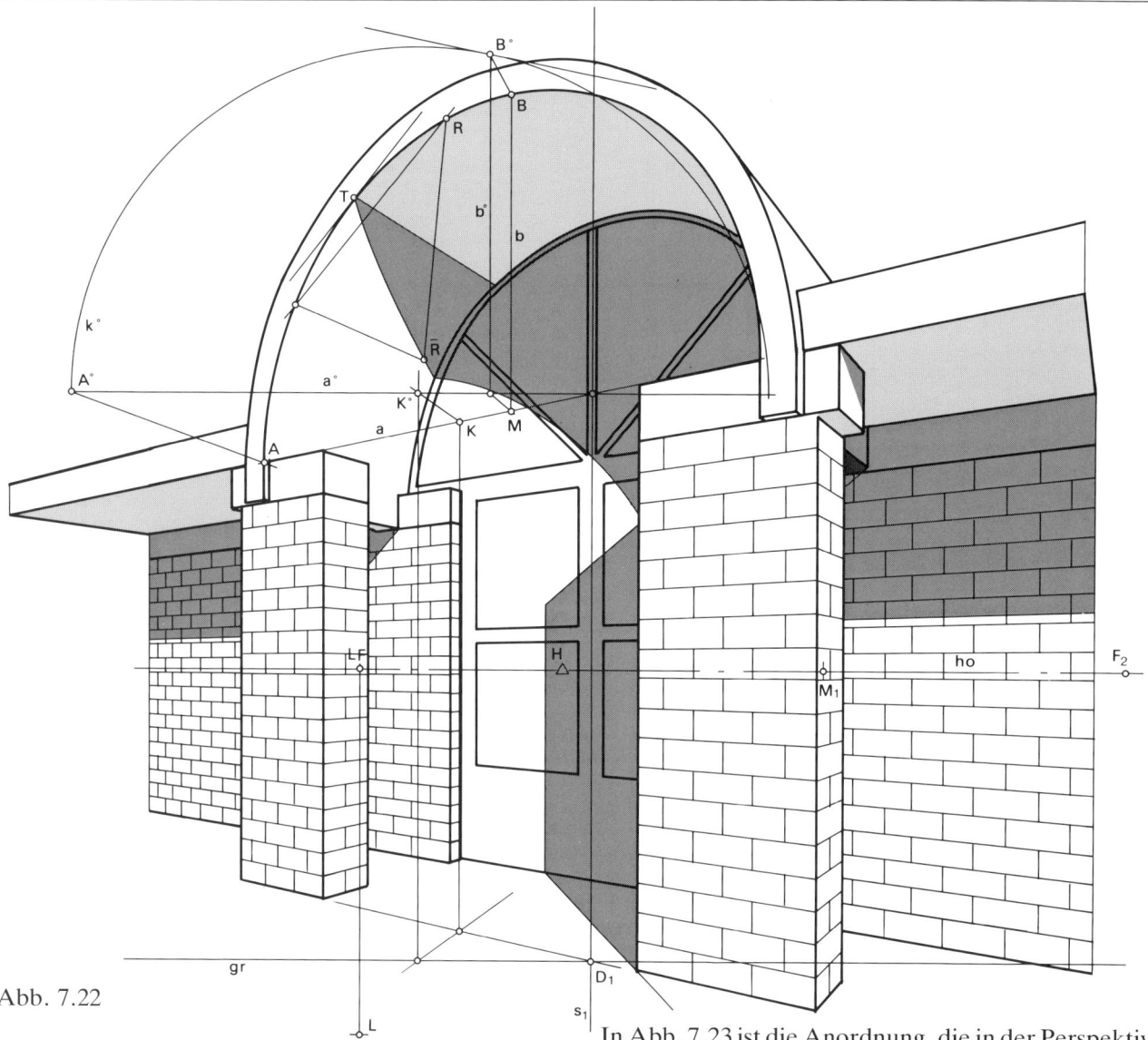

Abb. 7.22

7.6 Anwendungsbeispiele

Anwendungsbeispiel

Das Bild des Abschlußkreisbogens des tonnenförmigen Vorbaus eines Gebäudeeingangs konstruieren wir, indem wir zunächst im perspektiven Bild den Mittelpunkt K bestimmen. Dann legen wir die Ebene, in welcher der Abschlußkreisbogen liegt, um ihre Bildspur s_1 in die Bildebene. Um den jetzt in der Bildebene liegenden Mittelpunkt K° zeichnen wir den abzubildenden Kreisbogen k°. Verlängern wir den durch K° gehenden Kreisdurchmesser a°, der sich in a abbildet, so trifft er in W die Verschwindungsspur senkrecht. Eine Tangente aus W an k° bestimmt eine Kreissehne b°, deren Bild b der zu a konjungierte Durchmesser der Bildellipse ist. Übertragen wir noch die Endpunkte A° und B° an das konjungierte Durchmesserpaar a und b, so ist der Ellipsenbogen ausreichend bestimmt und er kann mit einer der Konstruktionsmethoden gezeichnet werden.

In Abb. 7.23 ist die Anordnung, die in der Perspektive nicht vollständig eingezeichnet ist, übersichtlich im kleineren Maßstab wiedergegeben. Um den Horizont ho als Drehachse ist die Ebene, in der das Projektionszentrum liegt, zusammen mit den Parallelstrahlen der beiden Hauptrichtungen in die Bildebene gelegt. Ein Kreisbogen um F_1 durch O° bestimmt in M_1 auf ho den Meßpunkt der Ebene, die in s_1 ihre Bildspur, in f_1 ihre Fluchtspur und in v_1 ihre Verschwindungsspur hat. Der Abstand $f_1, M_1 = s_1, v_1$, siehe auch Abb. 7.1 und 7.2.

Um den Schattenverlauf in der Halbtonne zu bestimmen, ermitteln wir den Lichtfußpunkt LF_1 – nicht eingezeichnet – auf der Fluchtspur f_1 der Ebene, in welcher der Abschlußkreisbogen liegt. In T berührt eine Tangente aus LF_1 die Halbtonne. Dieser Berührungspunkt ist ein Punkt der Selbstschattengrenze. Durch einen beliebigen Punkt R des schattenwerfenden Kreisbogens legen wir eine Sehne in Richtung LF_1. Durch ihren Schnittpunkt mit dem Kreisbogen ziehen wir eine Mantellinie, die im Schattenpunkt $\bar{R}$ den Lichtstrahl durch R trifft.

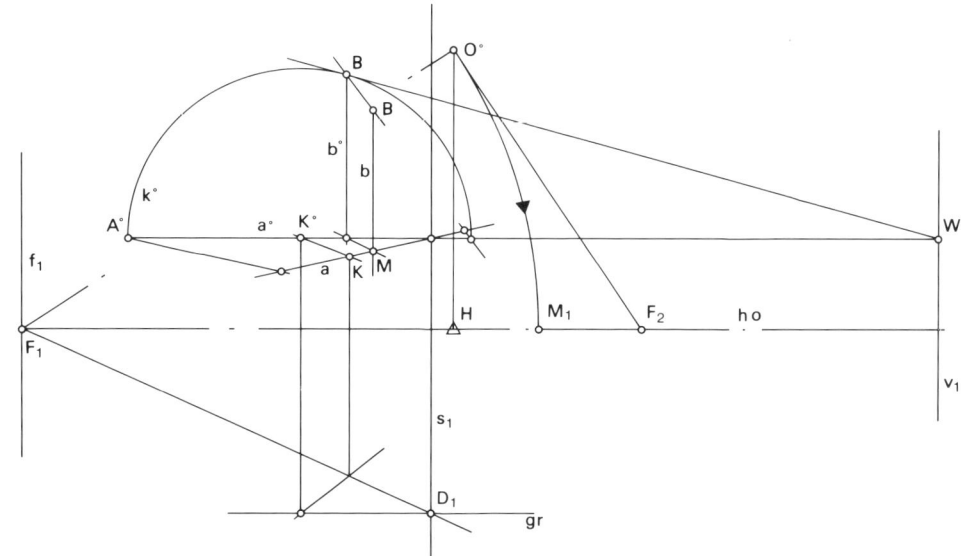

Abb. 7.23

Anwendungsbeispiel

Die Lage der Fluchtpunkte von den drei senkrecht aufeinanderstehenden Hauptrichtungen ermöglichen bei der stark geneigten Bildebene eine Draufsicht auf ein Landhaus, das in der vorliegenden Perspektive dargestellt ist. Ermitteln wir auf den Fluchtspuren die Meßpunkte der drei Hauptrichtungen, so werden Grund- und Aufriß entbehrlich und wir können alle für die Konstruktion der Perspektive erforderlichen Maße über die Bildspuren s_1 und s_2 in das Bild übertragen.

Die Lage des Gebäudes legen wir im Bild beliebig mit den beiden, das Gebäude umschließenden Linien fest, die nach F_1 und nach F_2 fluchten. Mit der Wahl der Bildspur s_1 bestimmen wir den Bildmaßstab. Verlängern wir eine der Bodenlinien, bis sie s_1 schneidet, so erhalten wir einen Spurpunkt, durch den wir die Bildspur s_2 legen. Sie gehört einer Ebene an, in welcher die verlängerte Bodenlinie und die auf ihr senkrecht stehenden Gebäudekanten liegen. Punkt $A°$ hat die wahre Dachhöhe, er wird in Richtung M_3 an die verlängerte Gebäudekante gebracht und dann mit einer Linie, die nach F_2 fluchtet, in den Giebelpunkt A geführt.

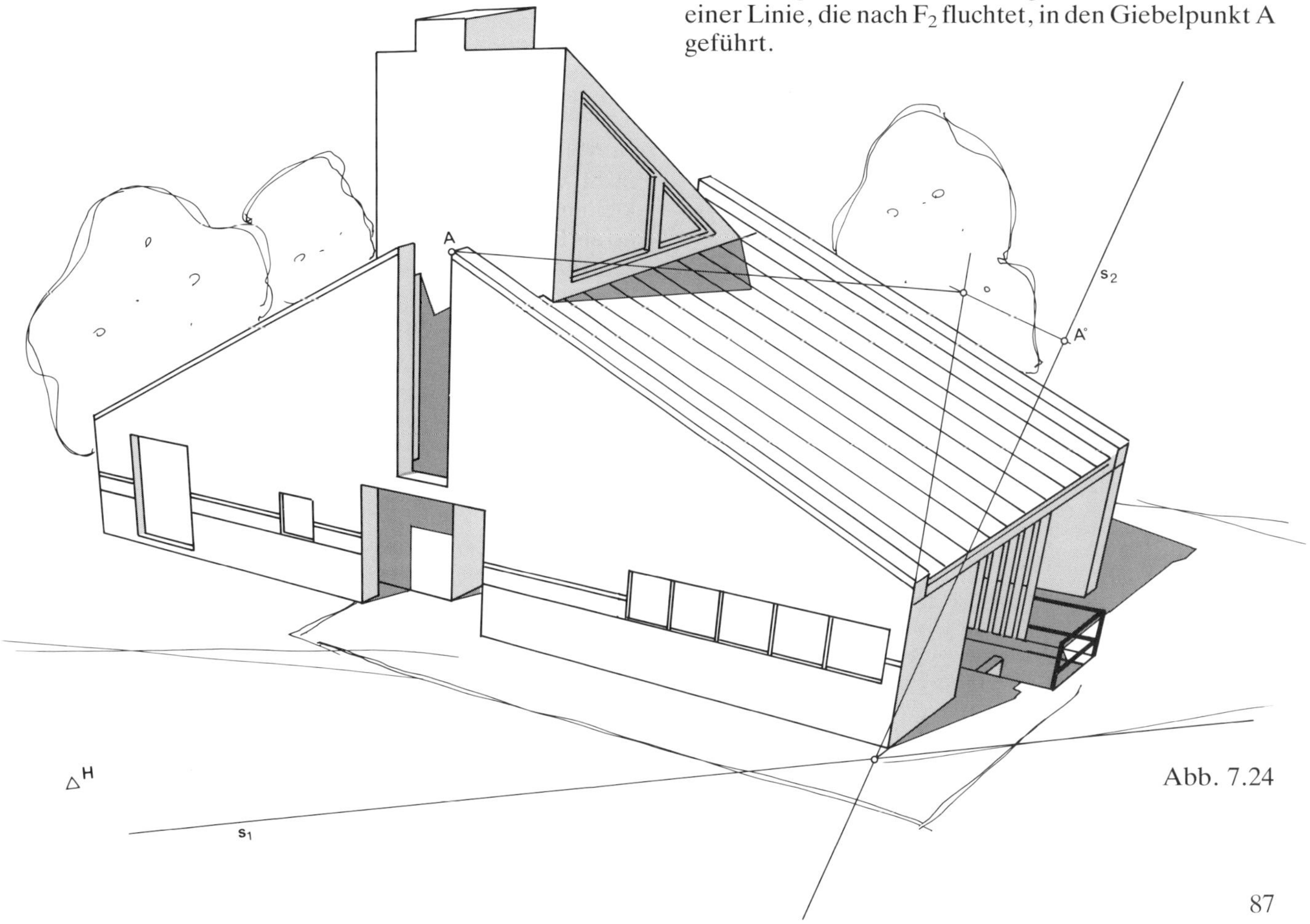

Abb. 7.24

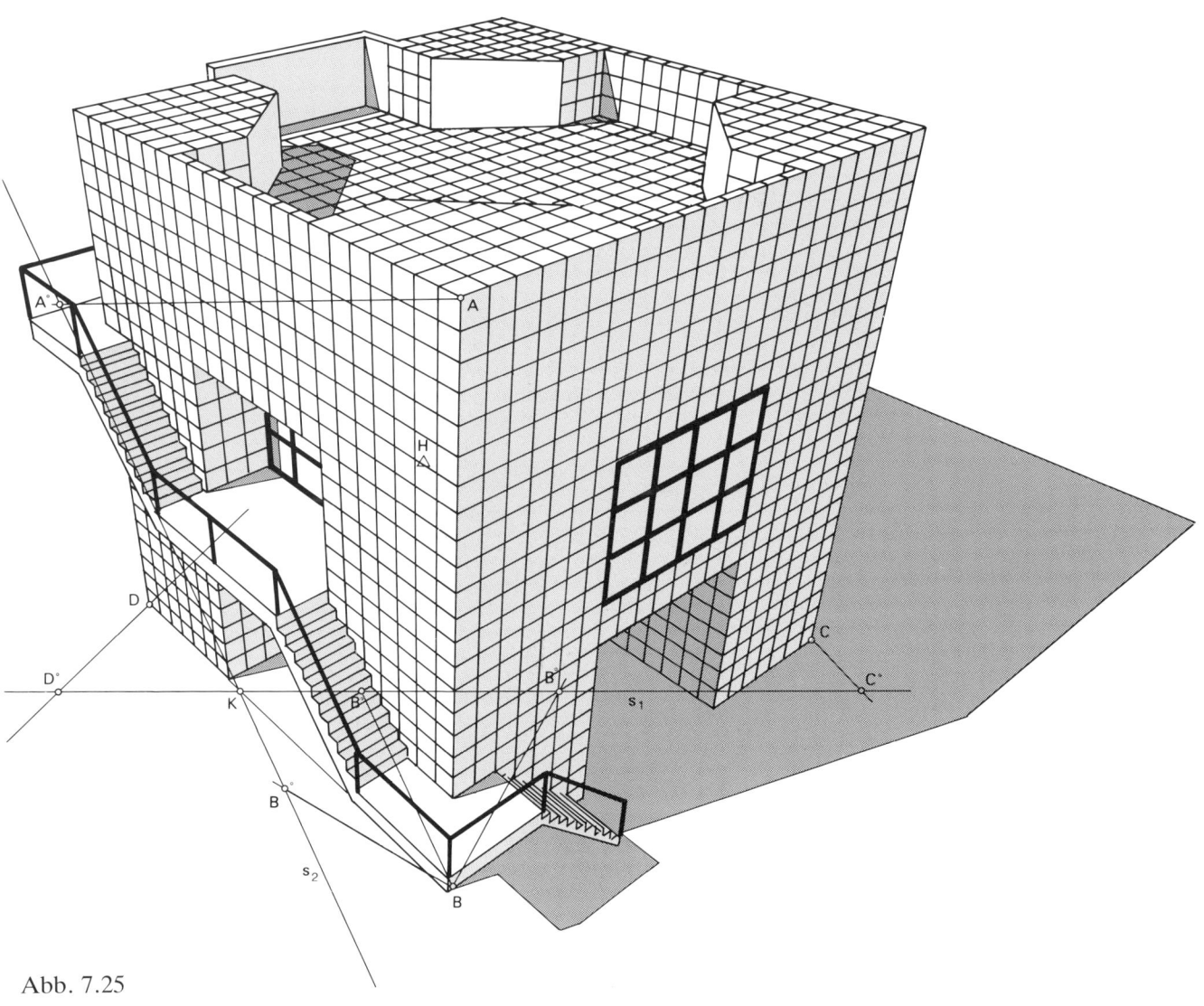

Abb. 7.25

Anwendungsbeispiel

Die Fluchtpunkte der drei Hauptrichtungen sind so gewählt, daß man wieder eine Draufsicht erhält. Nach Festlegung des Hauptpunktes H, als Schnitt der Höhenlinien im Fluchtspurendreieck, bestimmen wir auf den Fluchtspuren die Meßpunkte der drei Hauptrichtungen. Die Kanten D,B B,A und B,C wählen wir frei und legen damit im Bild die Lage des Bauwerks fest. Ziehen wir durch die Endpunkte der Bildstrecke B,C Strahlen aus dem entsprechenden Meßpunkt und passen zwischen diesen Strahlen parallel zur entsprechenden Fluchtspur die Originalstrecke B°,C° ein, die wir aus der Rißzeichnung entnehmen, so haben wir mit der durch die Originalstrecke geführten Bildspur s_1 eine maßstäbliche Verbindung zwischen der Bildstrecke und der Rißzeichnung hergestellt. Durch den Spurpunkt K ziehen wir die Bildspur s_2 der Ebene, die auch die Kante A,B enthält.

Die Perspektive kann dann allein mittels der Meßpunkte konstruiert werden. Man hat lediglich aus der Rißzeichnung die Maße zu entnehmen. Die quadratische Einteilung der Fassade erleichtern wir uns, wenn die Diagonale eines großen Quadrates benutzt wird, das im Abschnitt perspektive Teilung von Strecken behandelt ist.

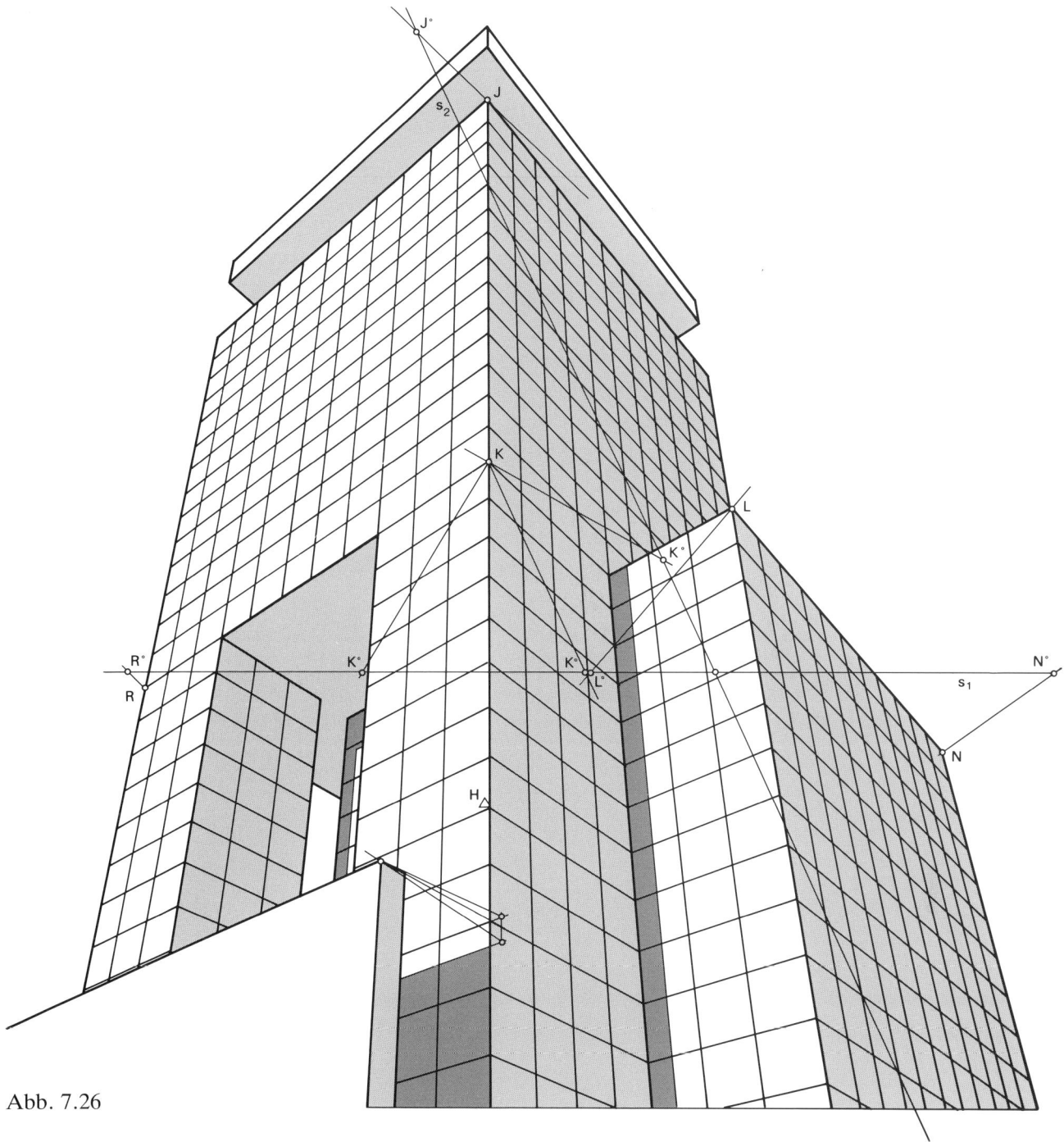

Abb. 7.26

Anwendungsbeispiel

Der Fluchtpunkt der senkrechten Gebäudekanten liegt oberhalb des Betrachters, die Bildebene ist nach oben geneigt, und man gewinnt eine Druntersicht. Mit der Wahl der Bildspur s_1 läßt sich wieder ein Bildmaßstab bestimmen, indem wir eine Originalstrecke, z.B. $K°,R°$ mittels Strahlen aus dem Meßpunkt M_1 an das Bild einer Waagerechten bringen, die wir frei wählen, die nach F_1 fluchtet und die in der Ebene liegen soll, die in s_1 die Bildebene schneidet.

Mit der Festlegung dieser Bildstrecke, die die Breite des Gebäudes darstellt, haben wir die Bildgröße und auch den Standort des Gebäudes bestimmt.

Durch den Spurpunkt der Waagerechten, die von K ausgeht und nach F_2 fluchtet, legen wir die Bildspur s_2 parallel zur Fluchtspur F_2,F_3. Jetzt lassen sich alle Maße, die wir für die Konstruktion der Perspektive benötigen, mittels der Meßpunkte in das Bild übertragen.

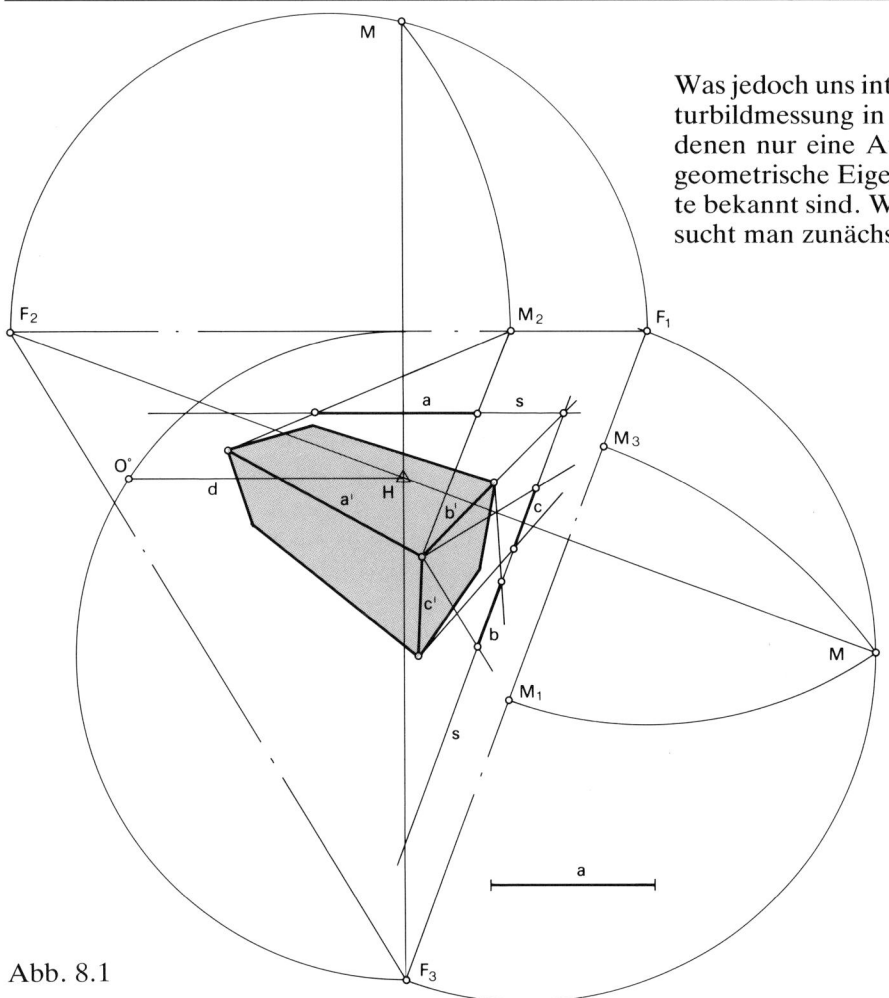

Was jedoch uns interessiert, sind die für die Architekturbildmessung in Frage kommenden Verfahren, bei denen nur eine Aufnahme genügt, da meist gewisse geometrische Eigenschaften der dargestellten Objekte bekannt sind. Will man eine Fotografie vermessen, sucht man zunächst den Hauptpunkt H und die Lage

Abb. 8.1

8 Rekonstruktions-
verfahren

Kehren wir das Verfahren um. Statt perspektive Bilder zu konstruieren, ermitteln wir aus gegebenen Perspektiven die wahren Abmessungen der dargestellten Dinge. In der Praxis sind die Perspektiven Fotografien. Das Projektionszentrum O ist dann mit dem optischen Mittelpunkt des Objektivs der aufnehmenden Kamera gleichzusetzen, die Distanz d mit der Brennweite bzw. dem Abstand zwischen O und der Filmebene. Diese Aufgabe ist nur dann vollständig zu lösen, wenn zusammen mit den Abbildungen noch gewisse Abmessungen des dargestellten Gegenstandes bekannt sind.

Anwendung findet die Fotogrammetrie, wie dieses Verfahren auch heißt, besonders bei der Auswertung von Luftbildaufnahmen im Vermessungswesen. Von dem zu kartierenden Gelände werden vom Flugzeug aus in einem geeigneten Abstand voneinander zwei Bilder aufgenommen, aus denen das Gelände rekonstruiert wird. Dazu werden Geräte benutzt, die nach dem Prinzip des stereoskopischen Sehens funktionieren.

des Projektionszentrums O, dabei erhält man die Distanz d. Diese Operation bezeichnet man als die innere Orientierung. Zur äußeren Orientierung rechnet man die Lage des Projektionszentrums und der Bildebene gegenüber dem Teil des dargestellten Objekts, dessen Abmessung bekannt ist. Hat man die innere und die äußere Orientierung vorgenommen, kann das abgebildete Objekt rekonstruiert werden.

Als Beispiel nehmen wir einen allgemeinen Fall, Abb. 8.1. Gegeben ist das Bild eines Quaders, dessen Kante a in ihrer wahren Länge bekannt ist. Wir setzen voraus, daß die Quaderkanten senkrecht zueinander sind und keine der Kanten zur Bildebene parallel ist. Die Fluchtpunkte liegen dann in den Schnittpunkten der verlängerten Quaderkanten, und der Hauptpunkt H ist der Höhenschnittpunkt im Fluchtpunktdreieck. Die Distanz d erhält man durch Umlegung von O um die Spur einer Ebene, die H und eine Höhenlinie enthält in die Bildebene. Der Meßpunkt M der Seitenebene, in der die Kante a liegt, ist das um die Fluchtspur F_2,F_1 in die Bildebene gelegte Projektionszentrum O, und der Meßpunkt M_2 der Kante a ergibt sich auf der Fluchtspur F_2,F_1 durch Drehung von M um F_2. Damit hat man die innere Orientierung, und mit der Festlegung der Bildspur s, die dann den

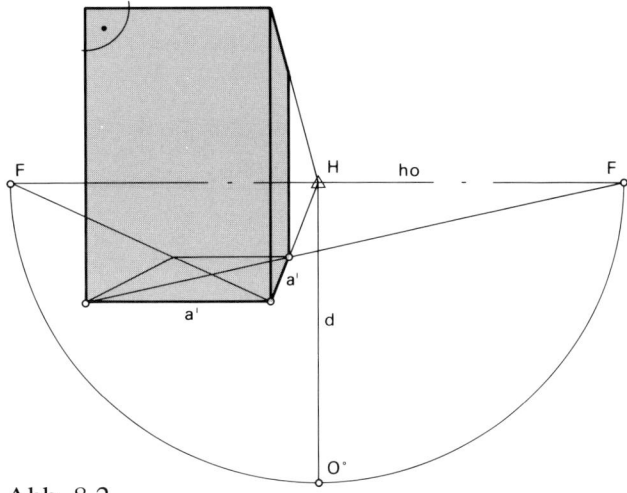

Abb. 8.2

8.1 Innere Orientierung

Erscheinen in einem Bild die vertikalen Kanten eines Gebäudes als untereinander parallel, so stand auch die Bildebene bei der Aufnahme lotrecht, und der zugehörige Fluchtpunkt liegt unendlich fern. Der Hauptpunkt H läßt sich jetzt nicht mehr unmittelbar bestimmen. Um jedoch die innere Orientierung vorzunehmen, bedarf es zusätzlicher Angaben, von denen in einer Architekturaufnahme zumindest eine gegeben sein sollte. Danach entscheidet man sich, nach welchem Verfahren der Hauptpunkt H, die Distanz d und schließlich die Meßpunkte gefunden werden können.

Zugunsten der Anschaulichkeit wurde für die Bestimmung der inneren Orientierung auf Fotos verzichtet, statt dessen sind in den folgenden Beispielen nur die geometrischen Verhältnisse wiedergegeben, die in einer Architekturaufnahme vorkommen können.

Zusammenhang der wahren Länge von a mit ihrer Bildstrecke a' herstellt, hat man auch die äußere Orientierung vorgenommen. Die Bildspur s ist in ihrer Lage bestimmt, wenn die Strecke a, parallel zur Fluchtspur F_2,F_1, zwischen den beiden Strahlen aus M_2 eingepaßt wird, die durch die Endpunkte der Bildstrecke a' laufen. Jetzt kann die Figur vollständig rekonstruiert werden, und man erhält die wahren Längen der Kanten b und c des Quaders auf der Bildspur mittels der Meßpunkte M_1 und M_3. Ist keine Strecke bekannt, so nimmt man die Bildspuren beliebig an. Der Gegenstand ist dann nur bis auf ähnliche Vergrößerung oder Verkleinerung rekonstruierbar.

Daraus folgt: Ein perspektives Bild mit drei Fluchtpunkten legt den abgebildeten Gegenstand bis auf die Ähnlichkeit fest. Seine wahre Größe ist jedoch bestimmt, wenn eine Strecke im Bild bekannt ist.

Abb. 8.2. Gegeben ist das Bild eines Gebäudes mit quadratischem Grundriß in frontaler Lage. Die zur Bildebene parallele Fassade erscheint dann formtreu, d.h. nur im Maßstab verändert. Die zur Bildebene senkrechten Gebäudekanten treffen sich im Hauptpunkt H. Durch H läuft, parallel zu den waagerechten Kanten, der Horizont ho. Die verlängerten Diagonalen durch den quadratischen Grundriß, die ja senkrecht zueinander sind, schneiden ho in den Fluchtpunkten F_1 und F_2. Der Thaleskreis über F_1,F_2, der jetzt seinen Mittelpunkt in H hat, schneidet das Lot auf H in O°. O° ist auch Meßpunkt der Grundebene. Die Strecke H,O° ist die Distanz d, und Meßpunkt der zur Bildebene senkrechten Gebäudekanten ist einer der Diagonalfluchtpunkte.

Abb. 8.3. Die verlängerten waagerechten Kanten eines Gebäudes mit quadratischem Grundriß bilden die Fluchtpunkte F_1 und F_2 im vorliegenden Bild. Durch die Fluchtpunkte wird der Horizont ho gezogen, und die verlängerten Diagonalen durch das eingezeichnete Quadrat schneiden ho in F_3 und F_4. Der Thaleskreis über F_1 und F_2 ist ein geometrischer Ort

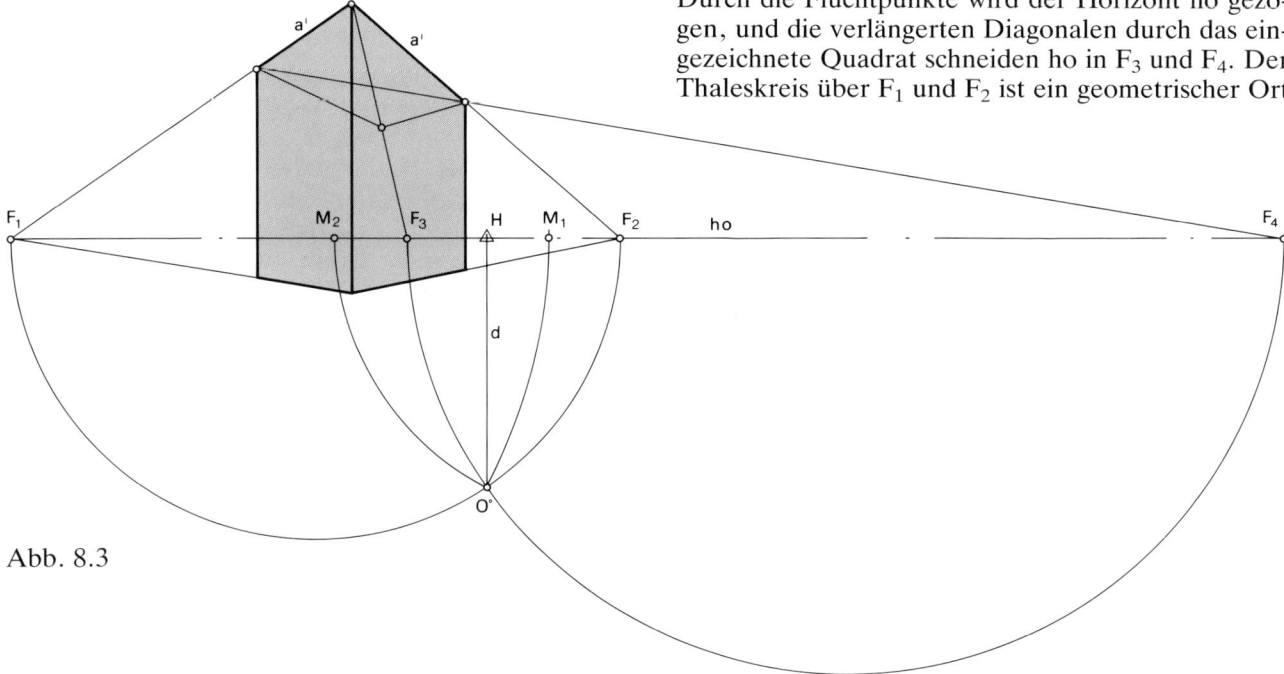

Abb. 8.3

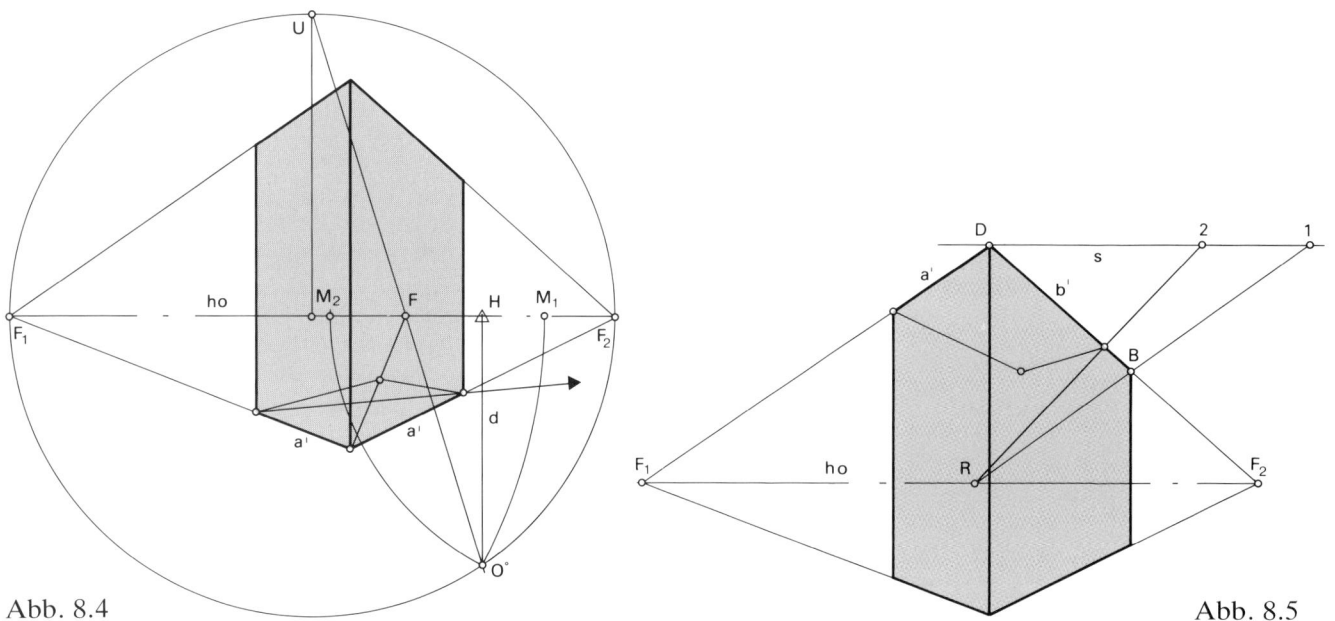

Abb. 8.4

Abb. 8.5

für O°, ebenso der Thaleskreis über F_3 und F_4. Damit ist als Schnitt der beiden Halbkreise O° vollständig bestimmt, und die durch O° gehende Senkrechte zu ho legt auf ho den Hauptpunkt H fest.

Ist in einem Bild nur ein Diagonalfluchtpunkt auf der Horizontlinie ho erreichbar, kann die in Abb. 8.4 gezeigte Hilfskonstruktion eingesetzt werden. Man ergänzt den Thaleskreis über F_1 und F_2 zu einem geschlossenen Kreis und zieht aus dem Endpunkt U, eines zu ho senkrechten Durchmessers, eine Gerade durch den Fluchtpunkt F der einen Diagonalen des quadratischen Grundrisses. Die Gerade trifft in O° den Thaleskreis, und das Lot auf O° bestimmt auf ho den Hauptpunkt H. M_1 und M_2 sind dann die Meßpunkte der waagerechten Gebäudekanten.

Abb. 8.5. In einer Architekturaufnahme sei das Seitenverhältnis zweier senkrecht zueinander stehender Kanten bekannt, a' : b' = 2 : 3. Durch perspektive Teilung, wie in Abb. 5.10 erklärt ist, läßt sich aus dem Rechteck ein Quadrat herstellen. Durch den Eckpunkt D wird parallel zu ho eine Hilfsspur s gezogen und ein beliebiger Fluchtpunkt R auf ho gewählt. Ein Strahl aus R durch den Endpunkt B der Kante b' schneidet aus s die Strecke D,1. Teilt man diese Strecke 2 : 3, so gewinnt man D,2; zurückgeführt an die Kante b' ergibt sie die andere Seite des Quadrats.

Abb. 8.6. In einer Architekturaufnahme sind außer zwei zueinander rechtwinkligen Horizontalrichtungen noch zwei weitere enthalten, die miteinander rechte Winkel bilden. Die Verhältnisse sind dann

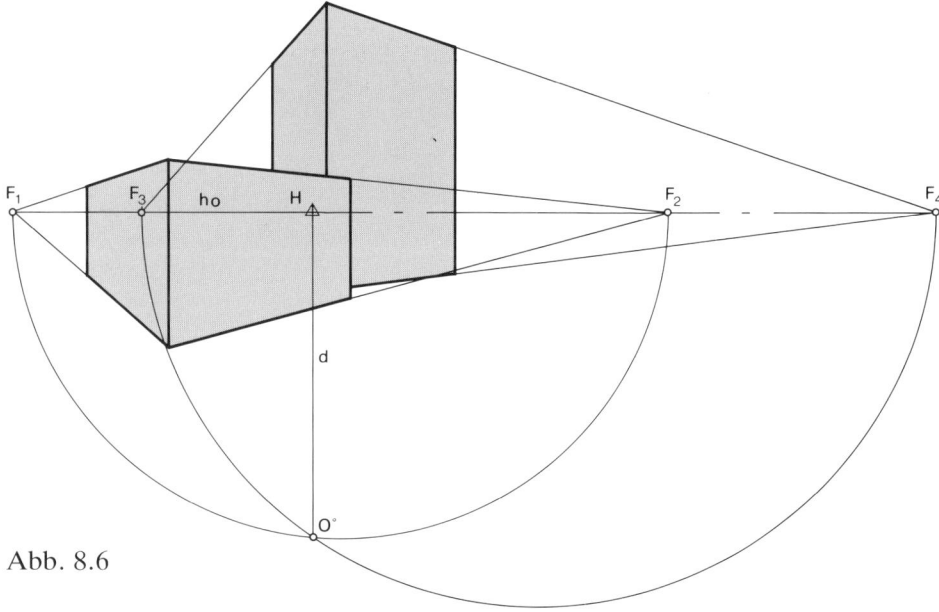

Abb. 8.6

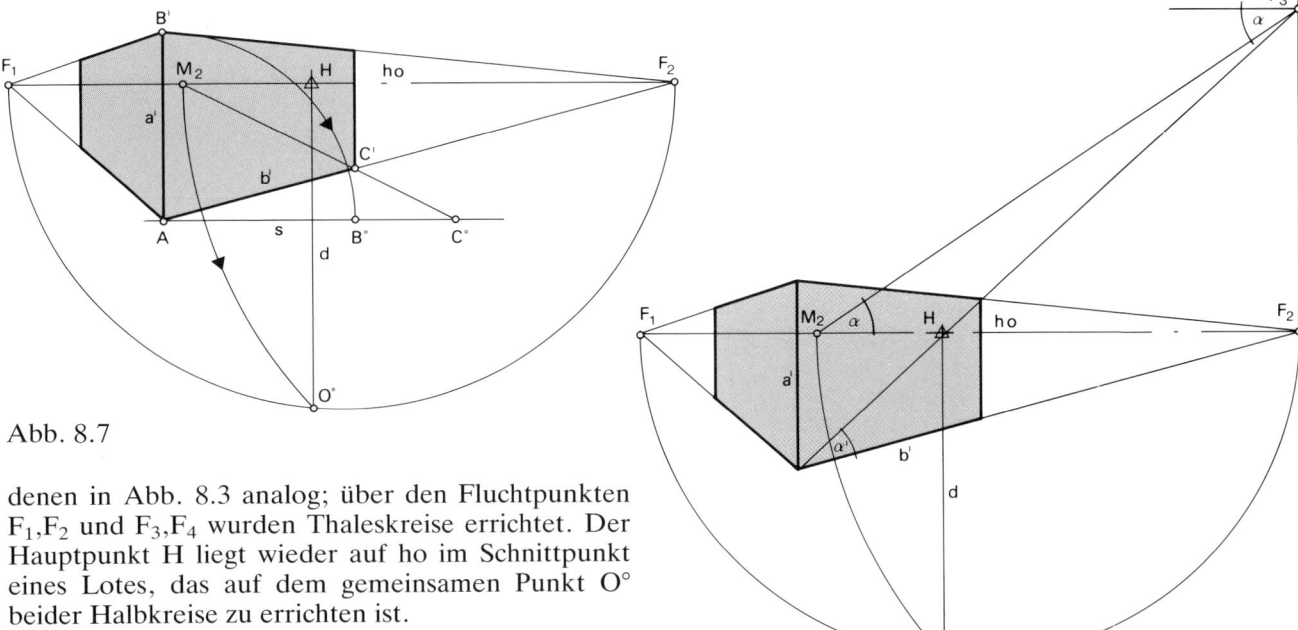

Abb. 8.7

Abb. 8.8

denen in Abb. 8.3 analog; über den Fluchtpunkten F_1, F_2 und F_3, F_4 wurden Thaleskreise errichtet. Der Hauptpunkt H liegt wieder auf ho im Schnittpunkt eines Lotes, das auf dem gemeinsamen Punkt $O°$ beider Halbkreise zu errichten ist.

Abb. 8.7. Das Streckenverhältnis einer senkrechten Kante a' zu einer waagerechten Kante b', $a : b = 2 : 3$, in einer vorliegenden Aufnahme ist bekannt. Durch den Fußpunkt A der Kante a' zieht man parallel zu ho die Spur s. Jetzt überträgt man auf s das Streckenverhältnis, so daß $A, B° = a' = a$ und $A, C° = b$ ist. Eine Drehsehne durch $C°$ und durch den Bildpunkt C' schneidet in M_2 den Horizont ho. Die Drehung von M_2 um F_2 bestimmt auf dem Thaleskreis über F_1 und F_2 das umgelegte Projektionszentrum $O°$ und das Lot auf $O°$ in H auf ho den Hauptpunkt.

Eine weitere Möglichkeit, bei einem gegebenen Streckenverhältnis die innere Orientierung herzustellen, zeigt Abb. 8.8. Die wahren Längen der senkrecht aufeinander stehenden Kanten a' und b' in einem Bild sind bekannt und haben das Verhältnis 2 : 3. Verlängert man die Diagonale, die man durch das entstehende Rechteck ziehen kann, so schneidet sie in F_3 die Senkrechte auf F_2. Der Meßpunkt M_2 ergibt sich dann aus dem Streckenverhältnis $F_2, F_3 : F_2, M_2 = 2 : 3$.

Die Diagonale schließt auch den scheinbaren Winkel α' ein. Ist die wahre Größe dieses Winkels α' statt der beiden Strecken bekannt, die ihn bilden, so wird M_2 von der unter dem Winkel α geneigten Geraden durch F_3 aus dem Horizont geschnitten.

Abb. 8.9. In einem Bild ist der wahre Winkel α einer Dachneigung bekannt. Die verlängerte Giebellinie trifft in U die Grundebene und bildet zur Grundebene den scheinbaren Winkel α'. Bringt man diesen Winkel durch Drehung in eine zur Bildebene parallele Lage, so erscheint er dort in seiner wahren Größe. Das geschieht, indem man den einen Schenkel des Winkels α durch den Fußpunkt A parallel zu ho legt und den anderen durch B. Eine Drehsehne durch U und T bestimmt auf ho den zugehörigen Meßpunkt M_2. Durch Drehung von M_2 um F_2 erhält man wieder $O°$ auf dem Thaleskreis, und das Lot auf $O°$ bestimmt auf ho den Hauptpunkt H.

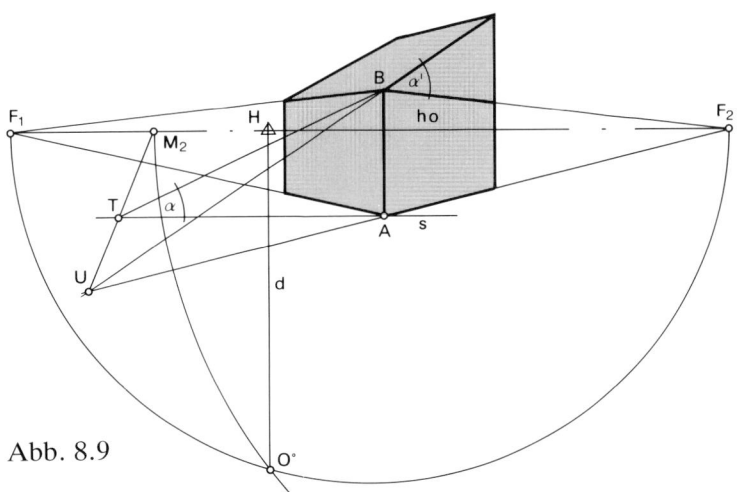

Abb. 8.9

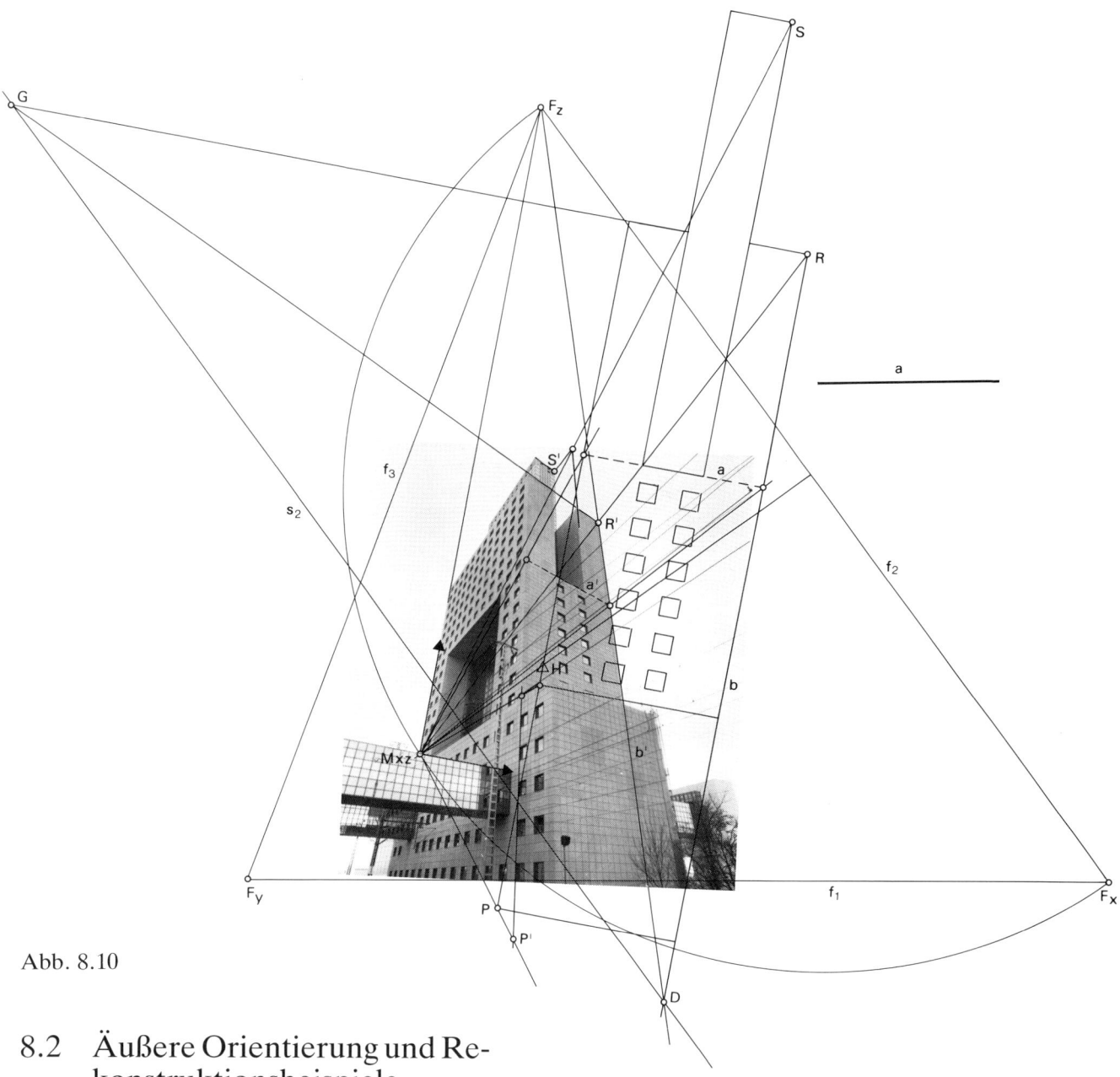

Abb. 8.10

8.2 Äußere Orientierung und Rekonstruktionsbeispiele

Abb. 8.10. Alle senkrecht zueinander stehenden Gebäudekanten im gegebenen Foto haben einen erreichbaren Fluchtpunkt. Nach Festlegung des Fluchtpunktdreiecks Fx, Fy und Fz bestimmen wir den Meßpunkt Mxz derjenigen Ebene, in der die zu rekonstruierende Gebäudefassade liegt. Mxz liegt im Schnittpunkt einer Höhenlinie im Fluchtpunktdreieck mit dem Thaleskreis über Fx,Fz. Die nebenstehende Strecke a drückt die Gebäudebreite aus in einem Maßstab, den wir der Rekonstruktion zugrunde legen wollen. Um die Bildspur s_2 zu konstruieren, ziehen wir zwei Strahlen aus Mxz durch die Endpunkte der Bildstrecke a' und passen zwischen die beiden Strahlen die Originalstrecke a ein, und zwar parallel zur

Hauptrichtung Mxz,Fx. Senkrecht zur eingepaßten Strecke a ziehen wir die senkrechten Gebäudekanten.

Die Kante b trifft ihr Bild b' im Spurpunkt D. Durch diesen Spurpunkt D parallel zu f_2 läuft die Bildspur s_2. Mit Mxz,s_2 und f_2 ist eine axiale Projektivität festgelegt, und es lassen sich jetzt alle Einzelheiten der Fassade maßstabgerecht bestimmen, denn die entstehende Rißzeichnung ist die um s_2 in die Bildebene gelegte Fassadenebene. Um den Bildpunkt S', der in einer anderen Ebene liegt, zu übertragen, bringt man ihn in die Ebene der Fassade. Der Eckpunkt R' kann sowohl über den Spurpunkt G einer durch ihn gehenden Kante in der Rißzeichnung bestimmt werden, als auch mittels eines Strahls aus Mxz.

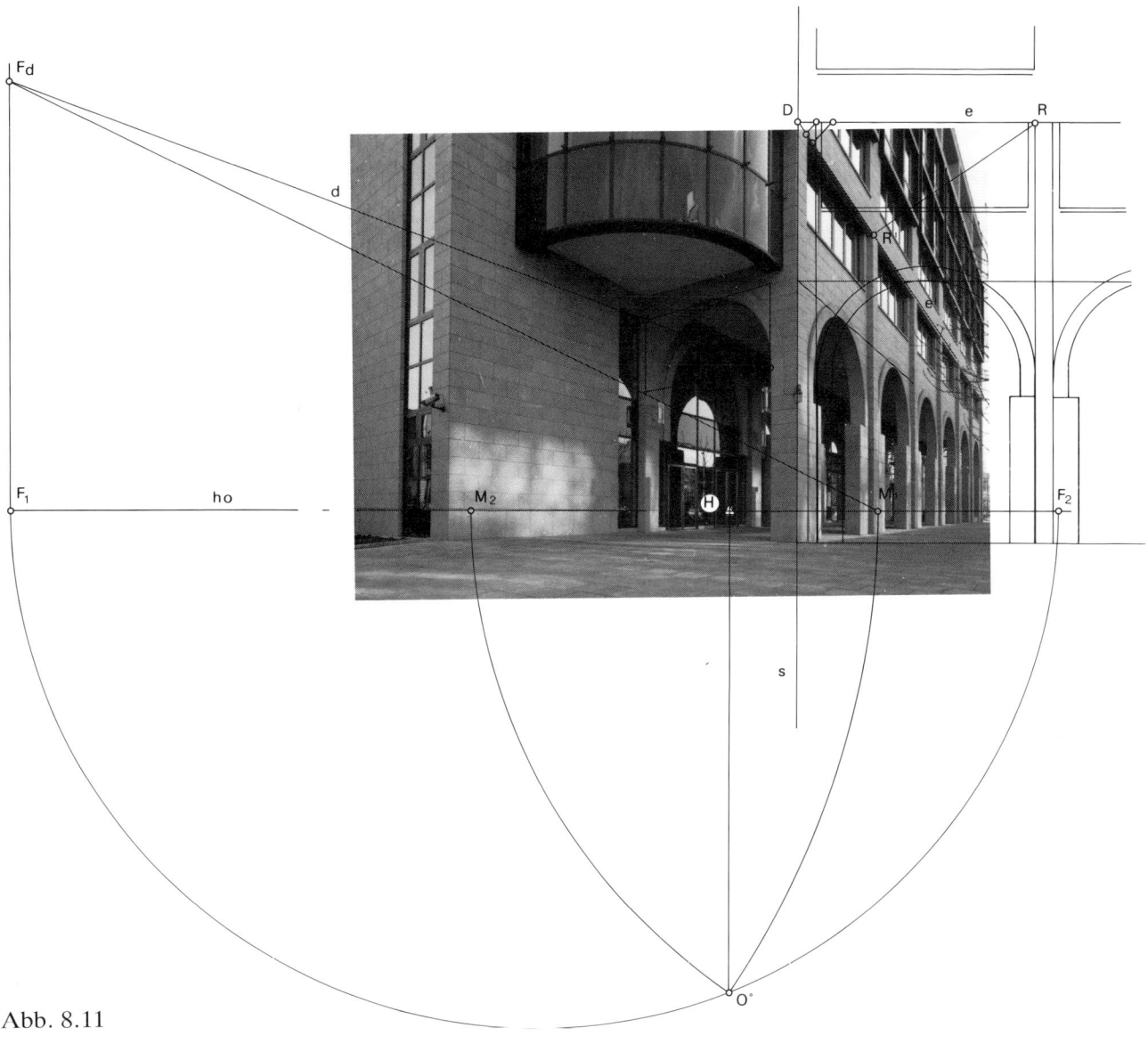

Abb. 8.11

Abb. 8.11. Bei der Aufnahme hatte die Bildebene zu den senkrechten Gebäudekanten eine parallele Lage. Der Hauptpunkt ist jetzt nicht mehr unmittelbar erhältlich. Wir ziehen einen im Bild befindlichen Kreisbogen heran und umschreiben ihn mit einem Rechteck. Die durch dieses Rechteck gelegte Diagonale schneidet in ihrer Verlängerung die Fluchtspur über F_1 senkrecht zu ho, in Fd. Das einen Halbkreis umschreibende Rechteck hat das Seitenverhältnis 1 : 2. M_1 auf ho erhalten wir demnach als Streckenverhältnis $F_1,M_1 = 2F_1$,Fd. Der Kreisbogen durch M_1 um F_1 schneidet in O° den Thaleskreis, und die Senkrechte auf ho durch O° legt in H den Hauptpunkt fest. Da wir für die Rekonstruktion keinen bestimmten Maßstab zugrunde legen wollen, können wir die Bildspur s der Fassadenebene durch die vordere Gebäudekante legen. Jetzt liegt wieder eine axiale Projektivität vor mit M_2 als Zentrum und s als Achse.

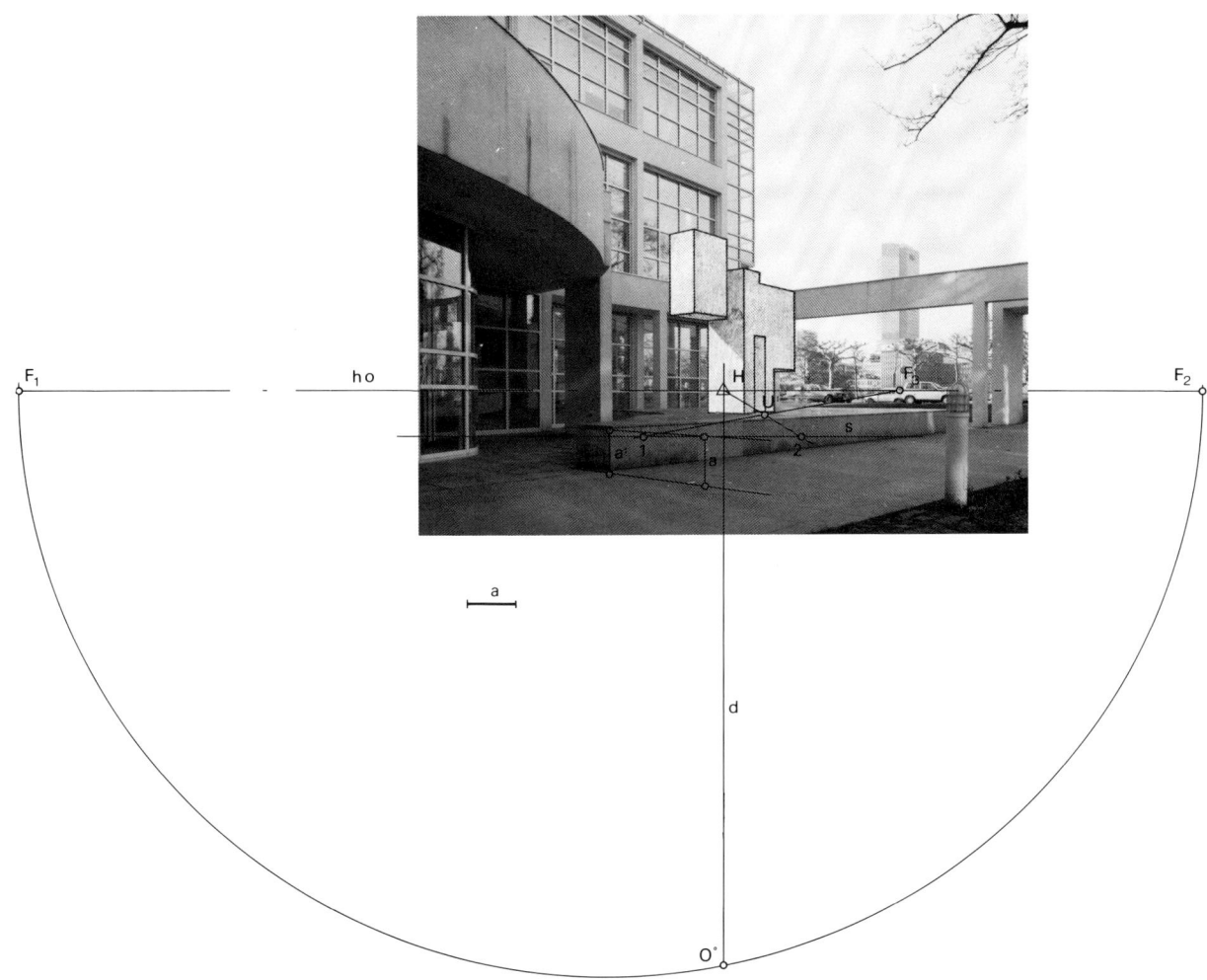

Abb. 8.12

Abb. 8.12. Die senkrechten Gebäudekanten sind im Bild untereinander parallel. Die Bildebene stand bei der Aufnahme lotrecht. Um die innere Orientierung vorzunehmen, finden wir im Bild keine Anhaltspunkte außer den Fluchtpunkten der beiden senkrecht zueinander stehenden Hauptrichtungen. Wir wissen jedoch, daß das Foto keinen Ausschnitt, sondern das ganze Bildformat wiedergibt, das vom Objektiv auf den Film projiziert wurde. In diesem Fall darf man annehmen, daß der Hauptpunkt H auf der Mittelsenkrechten des Bildes liegt. Die verlängerte Mittelsenkrechte bestimmt dann in ihrem Schnitt mit dem Thaleskreis über F_1 und F_2 das in die Bildebene gelegte Projektionszentrum $O°$.

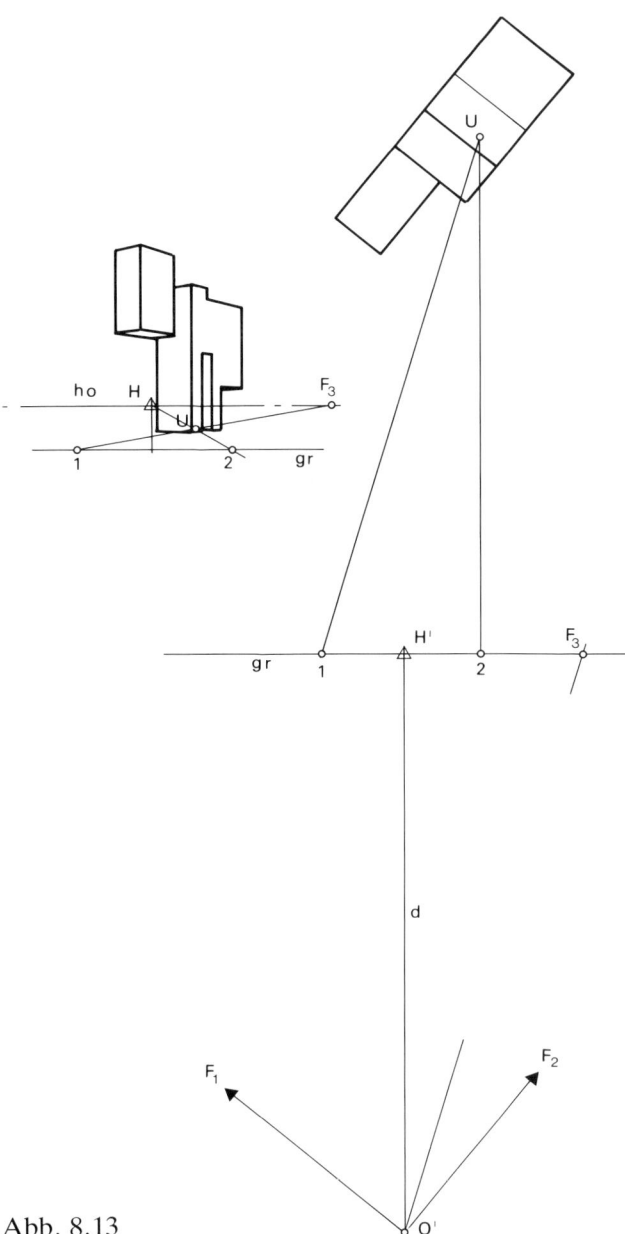

Abb. 8.13

über hinaus sollte die wahre Größe einer im Bild vorhandenen Strecke bekannt sein, z.B. die Höhe eines Fensters. Nachdem wir die innere Orientierung vorgenommen haben, legen wir im Foto die Bildspur fest und bestimmen damit den Maßstab, den wir auch für die zu konstruierende Perspektive benutzen. Wir bestimmen in der Fotografie auch den Ort, den die Perspektive einnehmen soll. Beide, Fotografie und konstruierte Perspektive, werden dann montiert und erscheinen als geometrisch aus ein und demselben Projektionszentrum entstanden.

Die Strecke a in Abb. 8.12 bedeutet in Wirklichkeit eine Länge von 0,8 m. Durch die Endpunkte der Bildkante a′, die eine wirkliche Höhe von 0,8 m hat, werden aus F_1 zwei Strahlen gezogen, in diese die Originalstrecke a eingepaßt und durch den oberen Punkt die Bildspur s gezogen. Die Spur s hat jetzt die Höhe des Sockels, auf dem die Plastik aufgestellt werden soll. Eine Tiefenlinie, die in H ihren Fluchtpunkt hat, und eine Gerade, die nach einem beliebigen Fluchtpunkt F_3 zielt, bestimmen in ihrem Schnittpunkt U′ den Standort der Plastik.

In Abb. 8.13 ist die Anordnung getroffen, nach der die Perspektive der Plastik konstruiert werden kann. Das konstruierte Bild wird dann ausgeschnitten und in das Foto geklebt.

8.3 Bildmontage

In das vorhandene Foto wollen wir die Perspektive einer Plastik so montieren, daß beide optisch eine Einheit bilden. Für den Architekten ist es oft wertvoll festzustellen, wie das Erscheinungsbild seines geplanten Bauwerks sich in eine vorhandene Bebauung einfügt. Er macht von dem Ort eine geeignete Aufnahme. Erforderlich ist, daß die Bildebene bei der Aufnahme sorgfältig lotrecht ausgerichtet wird. Dar-

9 Spiegelungen

Abb. 9.1. Der den Raumpunkt A mit O direkt verbindende Strahl m bestimmt in A' auf der Bildebene π sein Bild. Der von einem darunter befindlichen Spiegel δ reflektierte Strahl p aus A, der auch nach O gelangt, wird in N so gebrochen, daß sein Ausfallwinkel α gleich seinem Einfallwinkel α ist. Der einfallende Strahl p, das Lot, an dem die Winkel gemessen werden und der reflektierte Strahl p̄, liegen in einer Ebene, die zur Spiegelebene senkrecht ist. Verlängern wir den reflektierten Strahl p̄, so schneidet er in Ā unter der Spiegelebene die auf ihr stehende und durch A gehende Senkrechte n. Ā' ist das aus O gesehene Spiegelbild von A. Die A mit Ā verbindende Senkrechte n heißt Spiegelnormale und die Strecke AD = ĀD.

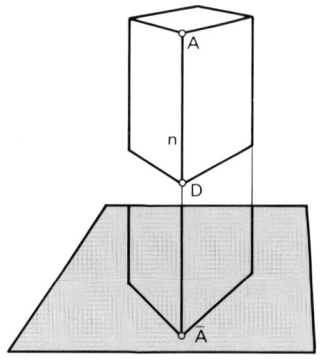

Abb. 9.2

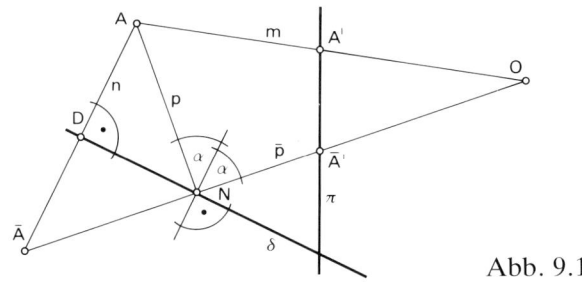

Abb. 9.1

Will man die Spiegelung an einer Ebene darstellen, z.B. an einer Wasseroberfläche oder an einem Wandspiegel, so hat man zu beachten, daß Urbild A und Spiegelbild Ā symmetrisch zur Spiegelebene liegen. Wir konstruieren das Spiegelbild von A in drei Schritten: Zunächst legen wir durch A die Normale n zur Spiegelebene δ, dann bestimmen wir auf δ deren Durchstoßpunkt D, und schließlich bringen wir auf n die Strecke AD = ĀD an.

9.1 Spiegelung an einer Wasseroberfläche

Abb. 9.2 gibt als einfachsten Fall eine Spiegelung an einer Wasseroberfläche wieder. Die Wasseroberfläche, in der sich ein Quader spiegelt, liegt in einer waagerechten Ebene δ, zu der die senkrechten Quaderkanten normal sind, D ist der Durchstoßpunkt einer solchen Kante auf δ und die Strecke AD = ĀD.

9.2 Spiegelung an einer senkrechten Spiegelebene

Abb. 9.3. Um das Spiegelbild des Raumes an dem senkrechten Wandspiegel zu konstruieren, fällen wir von jedem sich spiegelnden Punkt A die Normale n auf die Spiegelebene und ermitteln deren Durchstoßpunkt D. Der Spiegelpunkt Ā auf der anderen Seite der Spiegelebene hat seine Lage auf n im Abstand A,D. Die Übertragung des Abstandes A,D geschieht über einen willkürlich gewählten Teilpunkt T, der für alle Normalen der gleiche ist.

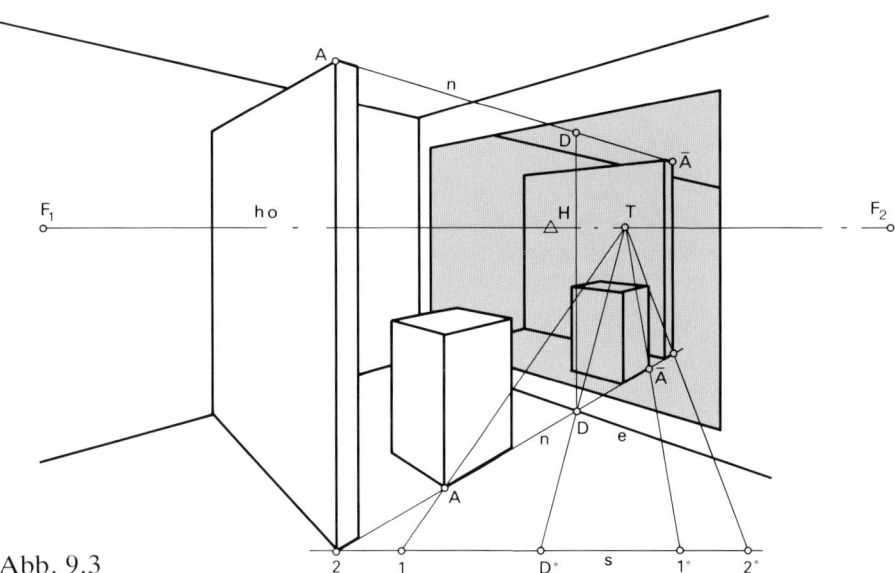

Abb. 9.3

9.3 Spiegelung an einer geneigten Spiegelebene

Abb. 9.4. Bei diesem scheinbar komplizierten Fall einer Spiegelung an einer geneigten Spiegelebene gehen wir schrittweise vor und beachten dabei, daß Spiegelbild und Urbild zur Spiegelebene symmetrisch sind. Die waagerechten Spiegelkanten haben ihren Fluchtpunkt in F_1 und die geneigten Spiegelkanten in F_3; F_1, F_3 ist die Fluchtspur der Spiegelebene. Der Fluchtpunkt F_n, der zur Spiegelebene Normalen, liegt auf der Fluchtspur f_2; sie ist Fluchtspur einer zur Grund- und Spiegelebene senkrechten Ebene. Wir bestimmen F_n mit Hilfe eines Meßpunktes M_2. Errichten wir über M_2 eine zu M_2, F_3 senkrecht stehende Gerade, so legt diese in F_n auf f_2 den Fluchtpunkt aller zur Spiegelebene Normalen fest. Die auf der Grundebene senkrecht stehenden Quaderkanten spiegeln sich so, daß ihre Spiegelbilder nach F_4 fluchten. Die zur Spiegelebene parallelen Quaderkanten haben auch zu diesen parallele Spiegelbilder, fluchten also in ihren gemeinsamen Fluchtpunkt F_1, und die zur Spiegelebene geneigten Quaderkanten fluchten nach F_5.

Die Fluchtpunkte F_4 und F_5 findet man aufgrund folgender Überlegung: Die Kanten a und b und ihre Spiegelbilder liegen in einer Ebene, die in f_2 ihre Fluchtspur hat und zur Spiegelebene senkrecht ist. M_2 ist Meßpunkt der Quaderkante b, und die senkrechte z auf ho durch M_2 ist parallel zu a. Der Winkel α drückt die Neigung der Spiegelebene gegenüber der senkrechten Quaderkante a aus, und das Spiegelbild von a hat dann gegenüber a die Neigung 2α. Also konstruieren wir F_4 und F_5 – da die Kanten a und b senkrecht zueinander sind – indem wir eine Gerade durch M_2 legen, die gegenüber z den Winkel 2α einnimmt; sie schneidet dann f_2 in F_4, und die Senkrechte auf M_2, F_4 trifft f_2 in F_5.

Das Spiegelbild von A konstruieren wir, indem wir durch A auf die Spiegelebene die Normale fällen und deren Durchstoßpunkt ermitteln. Mit Hilfe eines frei gewählten Teilpunktes T auf f_2 wird D an eine Senkrechte und damit Parallele zur Bildebene gebracht als Punkt 1. Die Strecke A,1 wird verdoppelt, und ein Strahl aus T durch den Endpunkt 2 der abgetragenen Strecke trifft die Normale im Spiegelpunkt $\bar{A}$. Nach diesem Verfahren kann das Spiegelbild ergänzt werden.

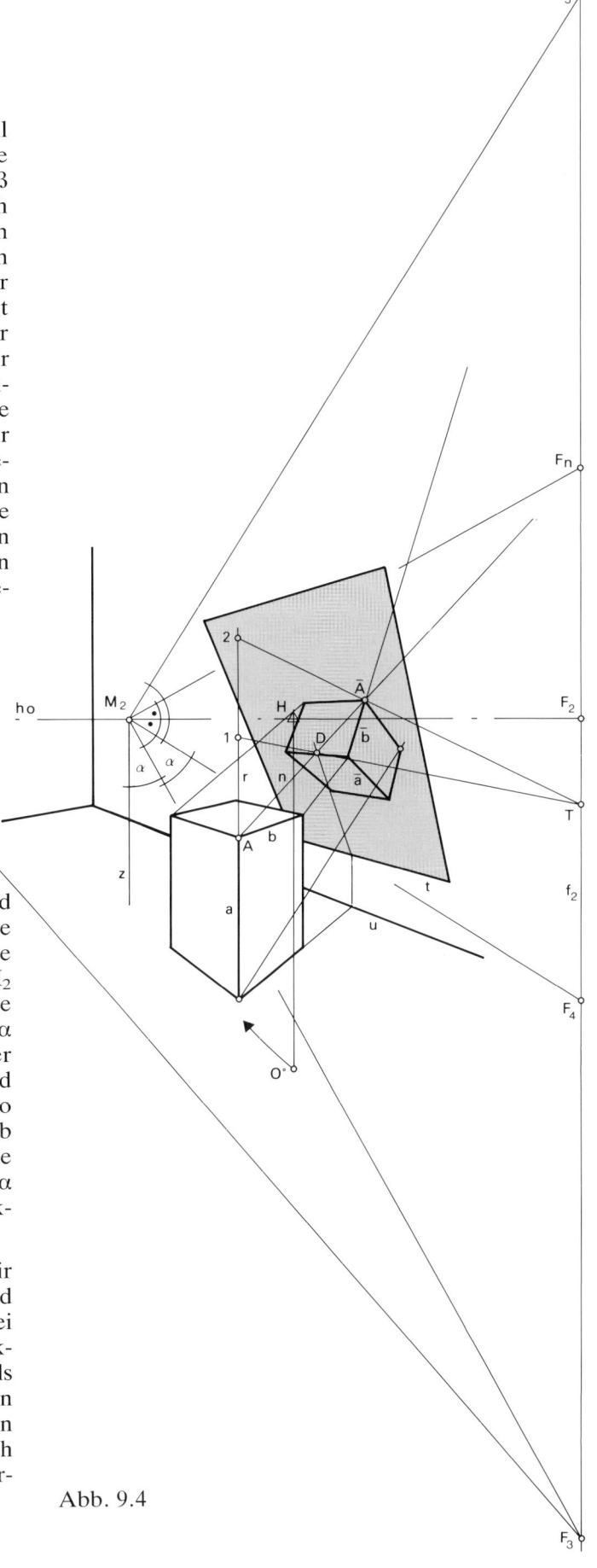

Abb. 9.4

10 Konstruktionshilfen

Ein ständiges Problem bei der Konstruktion von Perspektiven ist der Umstand, daß Punkte auf der Zeichenfläche nicht mehr erreichbar sind. Meist handelt es sich um Fluchtpunkte. Bei den vielen Methoden, unerreichbare Fluchtpunkte mit bei der Konstruktion einzubeziehen, ist stets eine Bildgerade erforderlich, die auf den außerhalb der Zeichenfläche liegenden Fluchtpunkt gerichtet ist.

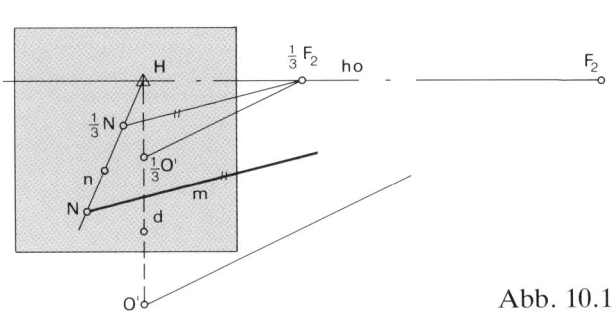

Abb. 10.1

10.1 Fluchtmaßstab bei unerreichbaren Fluchtpunkten

Abb. 10.1. Wir teilen die Distanz d – im Bild gestrichelt eingezeichnet – in einer geeigneten Weise, hier $\frac{1}{3}$, so daß das Projektionszentrum in $\frac{1}{3}$ O' zu liegen kommt. Der Parallelstrahl zur Hauptrichtung, deren Fluchtpunkt F_2 außerhalb der Zeichenfläche läge, durch $\frac{1}{3}$ O' bestimmt auf ho $\frac{1}{3}$ F_2. Eine beliebige Gerade n, die in H ihren Fluchtpunkt hat, wird in eine gleiche Anzahl Teile geteilt. Die Gerade m durch N, die parallel zur Verbindungsgeraden $\frac{1}{3}$N,$\frac{1}{3}$$F_2$ ist, weist dann nach dem außerhalb liegenden Fluchtpunkt F_2. Ist eine solche richtungsweisende Gerade im Bild vorhanden, so lassen sich beliebig weitere nach F_2 gerichtete Geraden auf folgende Weise zeichnen. In Abb. 10.2 soll durch einen Punkt A eine nach F_2 fluchtende Gerade gezeichnet werden. Durch A ziehen wir eine beliebige Gerade o, die ho in X und die richtungsweisende Gerade m in Y schneidet. In einem geeigneten Abstand zeichnen wir eine Parallele zu o, welche ho in Z und m in Q schneidet. Teilt man dann die Strecke Z,Q durch den Punkt Ā im gleichen

Verhältnis, in dem die Strecke X,Y von A geteilt wird, so weist die A und Ā verbindende Gerade nach F_2. Statt der beiden Geraden lassen sich zwei zueinander parallele Skalen a und b anbringen, die in eine gleiche Anzahl Teile unterteilt sind, Abb. 10.3.

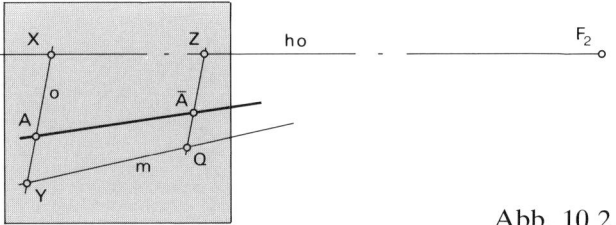

Abb. 10.2

10.2 Fluchtpunktschiene

Eine elegantere Methode, außerhalb liegende Fluchtpunkte einzubeziehen, bietet die Fluchtpunktschiene, Abb. 10.4. Sie besteht aus drei Linealen, deren Kanten a, b und c in einem Punkt P zusammenlaufen. Die Fluchtpunktschiene wird zunächst mit der Kante a an den Horizont ho angelegt. Entlang den Kanten b und c zieht man zwei Geraden r und s. Dann legt man die Kante a an die richtungsweisende Gerade m und zwar so, daß die Kante b die Gerade r und die Kante c die Gerade s noch auf dem Zeichenblatt schneiden. Steckt man in diese Schnittpunkte R und S Stifte und läßt die Kanten b und c daran entlang gleiten, so hat a stets die Richtung nach dem außerhalb liegenden Fluchtpunkt F_2. Denn nach dem Peripheriewinkelsatz beschreibt der Schnittpunkt P dabei einen Kreisbogen und die Richtung der Kante a weist nach einem festen Punkt dieses Kreises, dem Fluchtpunkt F_2.

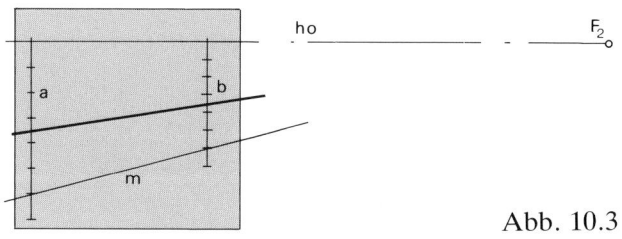

Abb. 10.3

Abb. 10.5. Die Fluchtpunktschiene, deren Kanten c und b stets die Stifte R und S berühren, wird nach oben eine Grenzlage erreichen, wenn der Scheitelpunkt P mit R zusammenfällt. Eine untere Grenzlage besteht, wenn P bei S liegt. Der Anwendungsbereich läßt sich jedoch erweitern, indem wir die Fluchtpunkt-

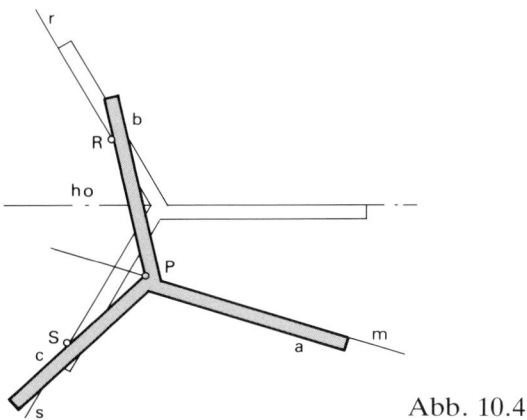

Abb. 10.4

schiene in die untere Grenzlage bringen. Dann nimmt die Kante c die Lage c' ein. Auf der Geraden c' tragen wir die Strecke S,T = R,S ab und befestigen in T einen Stift. Die Kante a, die stets nach F weist, kann jetzt das Feld in den Grenzen P,R bis P,T überstreichen und zwar derart, daß im Bereich P,R bis P,S die Kante b am Stift R und die Kante c am Stift S gleitet, dagegen im Bereich von P,S bis P,T die Kante b am Stift S und die Kante c am Stift T. Der Stift S darf also bei Erweiterung nicht entfernt werden.

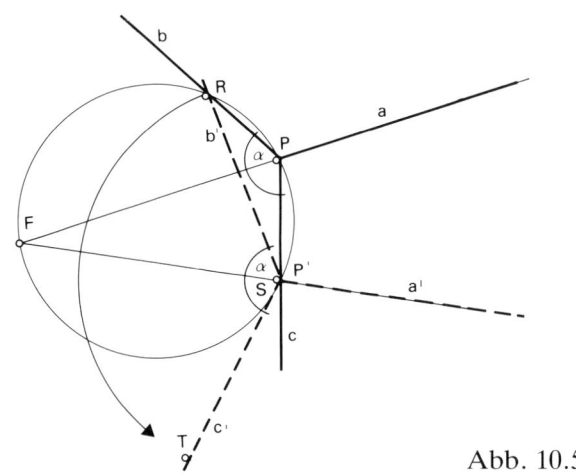

Abb. 10.5

10.3 Arbeitsperspektive

Wenn es um Lösungen gestalterischer Probleme geht, kann die Perspektive in einer sinnvollen Weise eingesetzt werden. Sie wird dabei eine Brücke bilden zwischen den Rißzeichnungen einer geplanten und dem Erscheinungsbild der später gebauten Architektur. Wir haben jetzt die Grundlagen, aus Rißzeichnungen oder von Maßen ausgehend eine Perspektive zu konstruieren und rückschreitend aus Fotografien, die wir dann wie Perspektiven behandeln, zu den wahren Abmessungen zu gelangen.

Hat man als gestalterisches Problem ein geplantes Bauwerk einer bebauten Umgebung anzupassen, so wird man, wie in Abschnitt 8.3 beschrieben, von dem Ort, an dem das Bauwerk einmal stehen soll, eine fotografische Aufnahme machen. In die vergrößerte Aufnahme montieren wir die Perspektive, die in diesem Fall nur ein grobes Gerüst des geplanten Bauwerks darstellt, aber unter den gleichen geometrischen Bedingungen konstruiert wurde, wie sie bei der Aufnahme der Fotografie zugrunde lagen. Auf die Perspektive legen wir ein Transparentpapier, und frei skizzierend mit einem weichen Stift suchen wir nach gestalterischen Lösungen. Ein Vorgang, ähnlich dem, wie er bei der Optimierung eines Grundrisses seine Praxis hat. Dieses Verfahren bezieht sich natürlich nur auf das äußere Erscheinungsbild und kann als Lösung die Wirkung im Ensemble der umgebenden Bebauung erreichen. Hat man eine befriedigende Lösung gefunden, lassen sich die skizzierten Abmessungen rückschreitend in ihren wahren Größen gewinnen, die dann unmittelbar mit in die Pläne aufgenommen werden können.

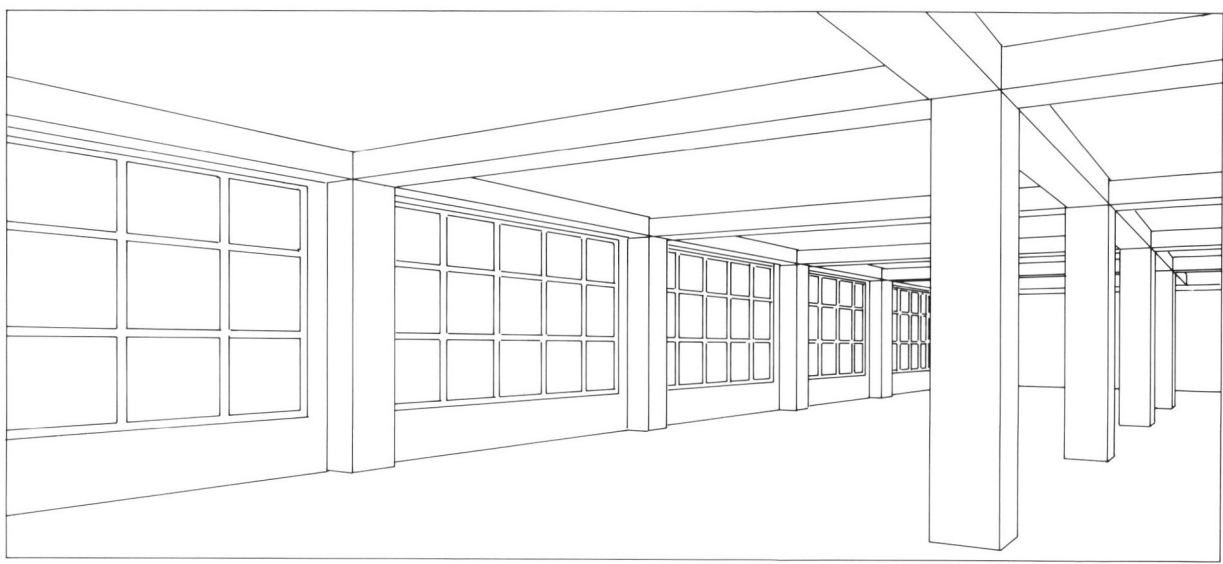

Abb. 10.6

Abb. 10.7

Als Beispiel dient der mögliche Ausbau einer Halle zu einer Kantine. Konstruiert wurde zunächst das Bild einer im Rohbau befindlichen Halle, Abb. 10.6. Darüber befestigen wir ein Transparentpapier und suchen nach Lösungsmöglichkeiten, Abb. 10.7. Mittels der Meßpunkte können wir dann die Strecken, die wir im Bild festgelegt haben, in ihren wahren Abmessungen erhalten, um sie schließlich mit in die Pläne aufzunehmen.

Rudolf Schmidt
Jahrgang 1930

Der Verfasser studierte Malerei und Kunsterziehung an
der Hochschule für Bildende Künste in Karlsruhe und
an der Staatlichen Accademia di belle arti in Rom.
Danach freischaffender Maler und Grafiker. Von 1974
bis 1982 Lehrbeauftragter für Darstellende Geometrie
und Gestaltung an verschiedenen hessischen Hoch-
schulen. Arbeitet heute wieder als freier Maler und
Grafiker.